跟着名师学电脑

Excel 应用入门实例

丁爱萍　主编

西安电子科技大学出版社

内 容 简 介

本书选取与日常生活密切相关的实例，以通俗易懂的方式，详细介绍 Excel 2010 的相关知识，主要内容包括建立和编辑 Excel 表格、利用简单的公式和函数解决家庭常见问题、利用数据分析功能快速统计和分析数据等。

本书适合希望尽快掌握 Excel 2010 办公软件的电脑初学者使用，也可作为各种电脑培训班的教材或参考书。

图书在版编目(CIP)数据

Excel 应用入门实例/丁爱萍主编. —西安：西安电子科技大学出版社，2015.1(2018.12 重印)
(跟着名师学电脑)
ISBN 978–7–5606–3578–1

Ⅰ. ① E⋯　Ⅱ. ① 丁⋯　Ⅲ. ① 表处理软件　Ⅳ. ① TP391.13

中国版本图书馆 CIP 数据核字(2014)第 304449 号

策划编辑　马乐惠
责任编辑　王　瑛　马乐惠
出版发行　西安电子科技大学出版社(西安市太白南路2号)
电　　话　(029)88242885　88201467　　邮　编　710071
网　　址　www.xduph.com　　　　　电子邮箱　xdupfxb001@163.com
经　　销　新华书店
印刷单位　三河市腾飞印务有限公司
版　　次　2015 年 1 月第 1 版　　2018 年 12 月第 2 次印刷
开　　本　787 毫米×1092 毫米　1/16　印张 16
字　　数　377 千字
印　　数　3001～13 000 册
定　　价　30.00 元

ISBN 978 – 7 – 5606 – 3578 – 1 / TP

XDUP 3870001-2

***　如有印装问题可调换　***

前　　言

随着社会信息化的不断普及，计算机已经成为人们工作、学习和日常生活不可或缺的工具，而计算机的操作水平也成为衡量一个人综合素质的重要标准之一。为了让普通读者跟上科技时代的步伐，与时俱进，了解、掌握常用的计算机知识，我们总结了多位计算机名师的经验，精心编写了这套"跟着名师学电脑"系列图书。

本书的特色：

1. 从零开始，循序渐进

读者不需要有计算机使用基础，只要会开关计算机，就可以通过本书的学习掌握 Excel 办公软件的应用技术。

2. 一步一图，快速上手

本书全部采用图示的方式，每一个操作步骤均配有对应的插图和注释，并对图片进行大量的剪切、拼合、加工，以便读者在学习中能够直观、清晰地看到操作的过程和效果，阅读体验轻松、学习轻松自如。

3. 紧贴实际，实例学习

本书内容的选取以"源于生活、归于生活"为准则，关注学习情境的创设，尽量选择与社区群众生活及工作有关的素材，以体现学以致用的思想；设计上充分考虑初学者的认知规律和学习特点，理论上做到"精讲、少讲"，操作上做到"仿练、精练"，强调知识技能的体验和培养。

4. 系统全面，超值实用

本书提供若干个实例，通过实例的操作过程使读者掌握 Excel 2010 数据统计和分析的应用方法。每章穿插大量提示、扩展、技巧等小贴士，构筑面向实际应用的知识和技能体系。本书实例丰富、技巧众多、实用性强，可随学随用，显著提高工作效率。在传授知识的同时，本书着重教会读者学习的方法，使读者能够巧学活用。

本书适合希望尽快掌握 Excel 2010 办公软件的电脑初学者使用，也可作为各种电脑培训班的教材或参考书。

本书由丁爱萍主编，参加编写工作的有高欣、关天柱、张校慧、麻德娟、龚西城、胡峰、李美嫦、马志伟、李群生等。由于作者水平有限，书中不足之处敬请读者批评指正。

作　者

2014 年 5 月

目 录

第1篇 Excel 2010 入门体验

实例1 建立亲友联系方式表 2
- 启动 Excel 办公软件
- 认识 Excel 工作界面
- 输入及修改数据
- 设置标题、数据及单元格格式
- 保存并打印文档

实例2 制作来访登记表 13
- 合并单元格
- 自动填充序列
- 设置行高和列宽
- 设置页眉/页脚
- 设置相同表格标题

实例3 制作学生课表 23
- 自动填充汉字序列
- 插入行、列和单元格
- 改变文字方向
- 设置自动换行
- 制作斜线表头

实例4 制作超市购物清单 35
- 重命名工作表标签
- 添加工作表和下拉列表
- 设置字符格式
- 查找与替换
- 排序与筛选

实例 5　制作家庭专用信封 50
- 信封类型的页面设置
- 插入艺术字、图片、形状
- 设置和打印工作表背景

实例 6　制作家庭专用信签纸 64
- 在页眉中插入图片
- 使用格式刷复制格式
- 插入与设置剪贴画、SmartArt 图形、文本框

第 2 篇　Excel 2010 数据计算

实例 7　制作家庭收支预算表 84
- 自动求和
- 输入公式
- 引用单元格
- 定义单元格名称
- 复制公式的计算结果
- 在局部表格中套用表格格式

实例 8　制作儿童生长发育对照表 97
- 套用单元格样式
- 插入算术运算公式
- 输入多级运算公式
- 插入条件判断函数
- 插入与打印批注

实例 9　制作社区常住人口信息表 112
- 导入 TXT 文本数据
- 插入多列或多行
- 隐藏列和取消隐藏
- 插入实用函数
- 设置函数的参数及条件格式

实例10　制作水电费缴费清单 128

- 定位单元格
- 相对引用
- 绝对引用
- 混合引用

实例11　制作员工考勤情况统计表 140

- 使用模板创建工作表
- 设置错误提示消息
- 引用其他工作表的数据
- 设置DATEDIF函数及其参数
- 应用渐变数据条格式

实例12　制作万年历 154

- 使用时间型、日期型函数
- 应用逻辑运算类函数
- 快速填充公式
- 设置网格线与零值

实例13　制作贷款购车计算器 167

- 插入PMT函数
- 插入与设置形状
- 保护工作表
- 保存模板

第3篇　Excel 2010 数据分析与管理

实例14　家庭收支情况分析 186

- 创建图表
- 切换行/列
- 为图表增加标题、标签等元素
- 设置图表格式并打印图表

实例 15　儿童生长发育情况分析..202

- 使用数据记录单
- 创建组以及分级显示
- 对数据进行分类汇总
- 创建多个图表
- 快速布局
- 移动图表

实例 16　社区常住人口情况分析..219

- 创建与更新数据透视表
- 改变数据透视表的布局
- 使用切片器查看数据
- 创建数据透视图

实例 17　个人血压跟踪报告..235

- 使用模板建立图表
- 删除重复项
- 使用条件格式规则管理器
- 创建和设置迷你图

第 1 篇

Excel 2010 入门体验

Excel 是 Office 办公软件的一个重要组件，具备操作简单、使用广泛的特点。使用 Excel 可以制作人员信息表、收支情况统计表、学生培养计划表和健康生活管理表等各类表格，同时能够根据需要对数据进行多方位的分析和处理。

本篇内容：
实例 1　建立亲友联系方式表
实例 2　制作来访登记表
实例 3　制作学生课表
实例 4　制作超市购物清单
实例 5　制作家庭专用信封
实例 6　制作家庭专用信签纸

通过以上 6 个实例，将学会 Excel 工作簿的基本操作和打印输出等工作，包括：
1．启动和退出 Excel 2010。
2．新建和保存工作簿。
3．打开和关闭工作簿。
4．在工作表中输入和编辑数据。
5．进行页面设置。
6．打印文档等。

实例 1　建立亲友联系方式表

☞ **学习情境**

张阿姨周末在家休息,想问候远在外地的亲朋好友,结果打开通讯录查找电话号码时,发现很多年前在纸上记录的电话号码模糊不清,而且家庭住址信息也有更换,通讯录涂抹严重,查找很不方便。因此,张阿姨希望在电脑上建立一个亲友联系方式表,将亲友的电话号码、家庭住址、生日等重要信息记录在电脑中,并打印出几张方便查看。

张阿姨的亲友信息如下:

大明:13512341111,北京市大川路 5 号,1 月 5 日生日;
小明:13900001133,上海市虹桥路 7 号,6 月 8 日生日;
小华:13900002222,上海市东湖路 8 号,3 月 9 日生日;
大姐:13512341188,北京市小浦路 6 号,2 月 6 日生日;
老张:13512341100,北京市白鹤路 3 号,5 月 4 日生日。

☞ **编排效果**

亲友联系方式表

姓名	电话号码	家庭住址	生日
大明	13512341111	北京市大川路5号	1月5日
小明	13900001133	上海市虹桥路7号	6月8日
小华	13900002222	上海市东湖路8号	3月9日
大姐	13512341188	北京市小浦路6号	2月6日
老张	13512341100	北京市白鹤路3号	5月4日

☞ **掌握技能**

通过本实例,将学会以下技能:

- 启动 Excel 办公软件。
- 认识 Excel 工作界面。
- 输入及修改数据。
- 设置标题、数据及单元格格式。
- 保存并打印文档。

»☞启动 Excel 2010

Excel 2010 是 Microsoft(微软)公司推出的办公软件，是 Office 2010 三大组件之一。安装好 Office 2010 后，即可启动 Excel 2010 对文档进行编辑。

1. 在 Windows 7 桌面上，单击任务栏左侧的"开始"按钮。

2. 在弹出的"开始"菜单中，单击"所有程序"项。

🔊 如果"开始"菜单左侧的最近使用的程序区中有 Microsoft Excel 2010 项，可单击启动之。

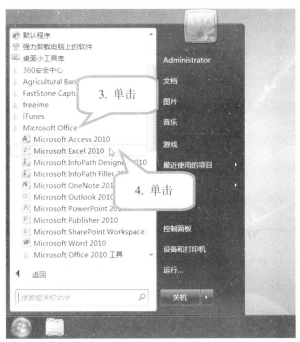

3. 在"所有程序"组中，单击"Microsoft Office"项，打开下拉列表。

4. 单击"Microsoft Excel 2010"项。

🔊 如果桌面上有 Excel 2010 的快捷方式图标，可双击启动之。

»☞认识 Excel 工作界面

启动 Excel 程序就打开 Excel 窗口，同时新建名为"工作簿1"的空文档。

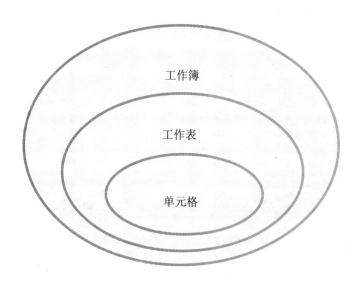

🔊 Excel 表格由工作簿、工作表和活动单元格三种元素组成。

工作簿：处理数据信息的工作空间。每个 Excel 文档就是一个工作簿。

工作表：组成工作簿的基本单位。每个工作簿可包含一个或多个工作表。

单元格：组成工作表的最小单位。每个单元格的名称由行和列构成，如A1。当前正在编辑的单元格称为活动单元格。

☞ 输入数据

汉字、英文字母和数字等普通文本，在活动单元格内直接进行输入即可。输入完毕后按"Enter"键确定输入，同时其下方的单元格被激活。若输入完毕后按"Tab"键确定输入，则其右侧的单元格被激活。

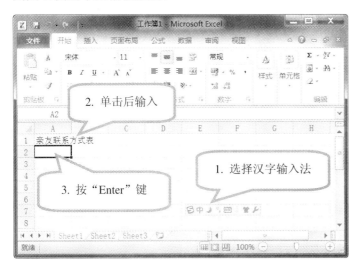

1. 单击 Windows 桌面右下角的输入法指示器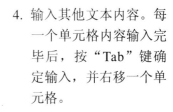，选择一种中文输入法。

2. 单击单元格 A1，此刻 A1 为活动单元格，利用汉字输入法输入"亲友联系方式表"文本。

3. 按"Enter"键换行，激活活动单元格 A2，等待输入。

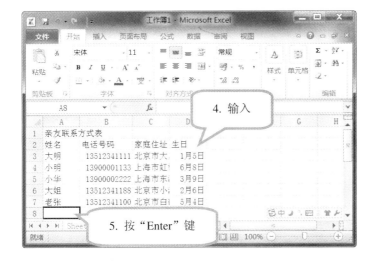

4. 输入其他文本内容。每一个单元格内容输入完毕后，按"Tab"键确定输入，并右移一个单元格。

5. 在每一行结束处，按"Enter"键换行，使插入点移到下一行。

编辑栏输入数据

当活动单元格中数据过长，或者有其他特殊需求时，可单击编辑栏查看和编辑数据，完成后按"Enter"键确认。

»☞修改数据

在输入数据时，可能会因为操作失误，导致数据内容出现错误，此时应对出错的数据进行修改。

第一种方法：

1. 单击需修改的单元格，在编辑栏中，将鼠标指针移至需要选择的数据前，按住鼠标左键不放并将其拖动到需要选择的数据末尾处，松开鼠标。

2. 直接输入正确的数据，完成后按"Enter"键。

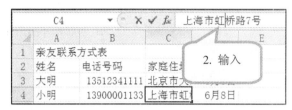

第二种方法：

1. 双击需修改的单元格，将插入点定位在需要修改的数据后。

2. 按"Backspace"键将数据删除。

3. 输入正确数据。

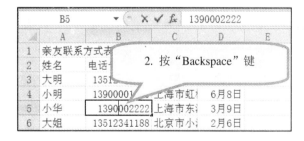

快速删除与撤销

当某单元格中的数据不再需要时，可单击该单元格后，按"Delete"键一次性将该单元格的数据全部删除。

如果希望撤销上述操作，则单击"快速启动工具栏"上的撤销按钮。

»☞设置标题格式

简单的输入和修改往往不能满足实际需要,因此还需要对数据进行格式化,使其更加清晰和美观,如设置字体位置和大小。

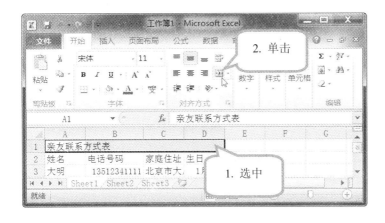

1. 单击 A1 单元格,拖动鼠标左键至 D1 单元格,松开鼠标,选中标题行。

2. 在"开始"选项卡→"对齐方式"组中,单击"合并后居中"按钮。

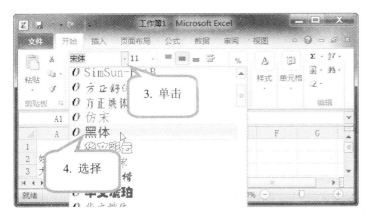

3. 在"开始"选项卡→"字体"组中,单击"字体"框 宋体 右端的箭头。

4. 在"字体"下拉列表中,选择"黑体"。

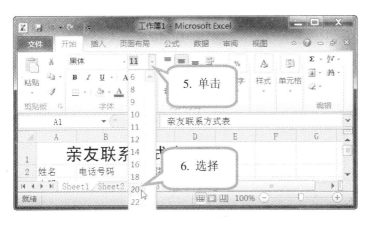

5. 单击"字号"框 11 右端的箭头。

6. 在"字号"下拉列表中,选择"20"。

»☞ 设置数据格式

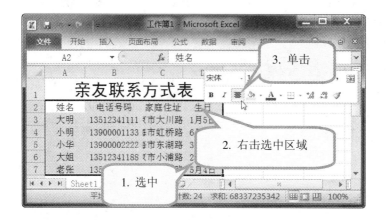

1. 将插入点置于 A2 单元格处，拖动鼠标左键至 D7 单元格，松开鼠标，选中表格数据。

2. 鼠标右键单击选中区域，显示"悬浮工具栏"。

3. 在悬浮工具栏中，单击"居中"按钮。

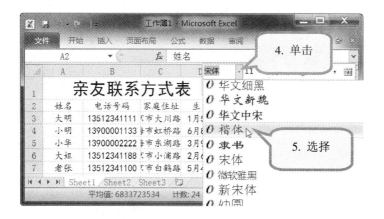

4. 在悬浮工具栏中，单击"字体"框右端的箭头。

5. 在"字体"下拉列表中，选择"楷体"。

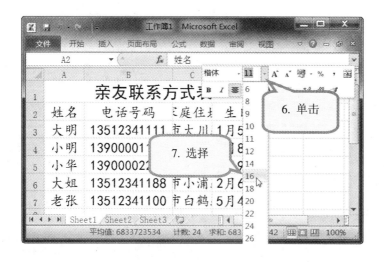

6. 单击"字号"框右端的箭头。

7. 在"字号"下拉列表中，选择"16"。

»☞设置单元格格式

在设置了字体格式后,为体现表格和数据的整体性,通常需要对表格的样式做进一步设计,便于查看和打印。

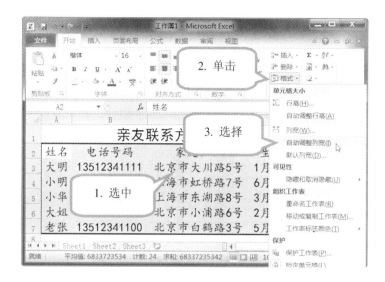

1. 选中 A2:D7 单元格。

2. 在"开始"选项卡→"单元格"组中,单击"格式"按钮。

3. 在下拉列表中,选择"自动调整列宽"项。

4. 在"开始"选项卡→"字体"组中,单击"所有框线"按钮右侧的箭头。

5. 在下拉列表中,选择"所有框线"项。

保存文档

在 Excel 中，新建或编辑文档后可以将文档保存起来。首次保存 Excel 文档时，单击"保存"按钮，将弹出"另存为"对话框。

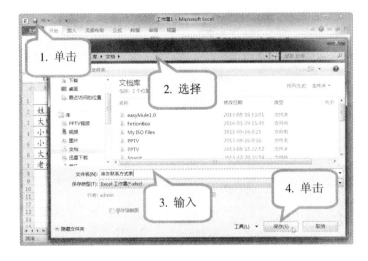

1. 在"快速访问工具栏"中，单击"保存"按钮。

2. 在"另存为"对话框的地址栏中，选择文档的保存位置。

3. 在"文件名"下拉列表中，输入文件名，其他设置保持默认。

4. 单击"保存"按钮。

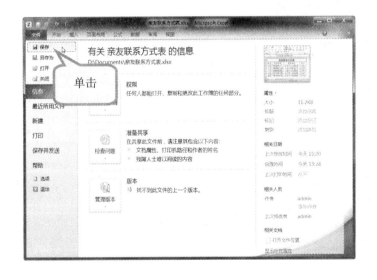

在"文件"选项卡中，单击"保存"或"另存为"，也可以打开"另存为"对话框。

☞ 打印文档

打印页面的右侧区域可预览文档的编排效果。如果发现文档中的错误,或有排版不合适的地方,应及时加以更正或修改,以免浪费纸张。

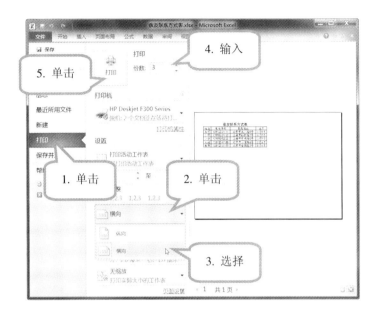

1. 单击"文件"选项卡→"打印"命令。

2. 单击"纸张方向"下拉箭头。

3. 在下拉列表中,选择"横向"完成设置。

4. 在"份数"数值框中,输入要打印的份数。

5. 单击"打印"按钮。

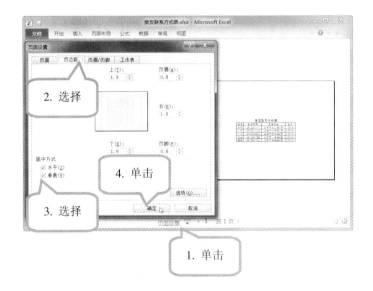

设置居中打印

1. 在打印页面中,单击"页面设置"选项,将显示"页面设置"对话框。

2. 在"页面设置"对话框中,选择"页边距"选项卡。

3. 在"居中方式"中,选择"水平"、"垂直"项。

4. 单击"确定"按钮完成设置。

»☞关闭和退出 Excel

编辑完文档后，如果不使用 Excel 了，可以退出。退出 Excel 的方法常用以下三种。

第一种方法：

单击 Excel 窗口右上角的"关闭"按钮。

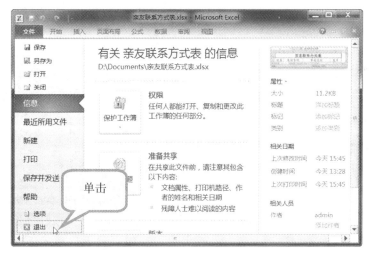

第二种方法：

单击"文件"选项卡→"退出"命令。

第三种方法：

在快捷访问工具栏中，单击 图标按钮，在打开的下拉菜单中，选择"关闭"命令。

实例 2 制作来访登记表

☞ 学习情境

为保护业主安全，防止不法分子乘虚而入，祥和小区物业公司决定近期开展来访登记服务，即来访者在门卫处登记姓名和事由，然后门卫找业主进行核对，这样既可以保证住户的安全，出了问题也有迹可循。

因此，公司客务部要求秘书小王制作本小区的来访登记表，主要内容包括：序号、日期、被访者信息(包括楼号、单元、门牌)、来访者信息(包括姓名、性别、事由、来访时间、离开时间)、值班人、备注。

同时为了总结与归档，要求将来访登记表打印并装订成册，每本以 100 人次为单位。

☞ 编排效果

☞ 掌握技能

通过本实例，将学会以下技能：
- 合并单元格。
- 自动填充序列。
- 设置行高和列宽。
- 设置页眉/页脚。
- 设置相同表格标题。

»☞新建 Excel 文档

1. 在 Windows 7 桌面上，单击任务栏左侧的"开始"按钮。

2. 在弹出的"开始"菜单中，单击"文档"项。

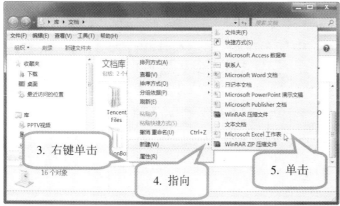

3. 在"文档库"窗口中，右键单击空白区域，显示快捷菜单。

4. 指向"新建"项，显示子快捷菜单。

5. 单击"Microsoft Excel 工作表"项，将在空白处新建一个 Excel 文档，名称为"新建 Microsoft Excel 工作表"。

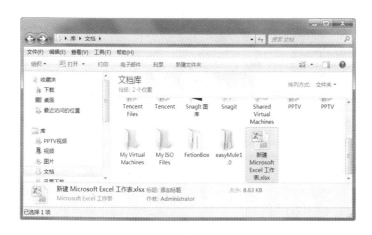

🔊 双击即可打开该 Excel 文档。此方法适用于电脑中的任意文件夹。

»☞ 重命名 Excel 文档

Excel 文档建立成功后,需要为其重命名,以方便文档管理与查看。

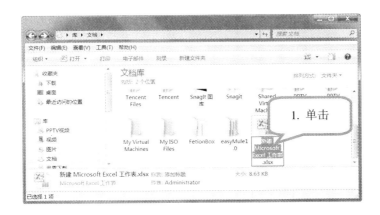

1. 单击"新建 Microsoft Excel 工作表.xlsx",按 "F2"键。

2. 当工作簿名称变为蓝底白字时,输入需要的名称,如"来访登记表"。

3. 按"Enter"键确定输入。

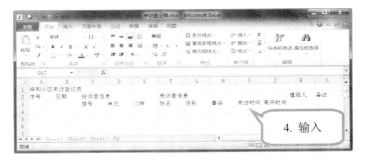

4. 双击新建工作簿的图标,打开"来访登记表.xlsx",根据实例内容要求,在 Sheet1 中输入文本。

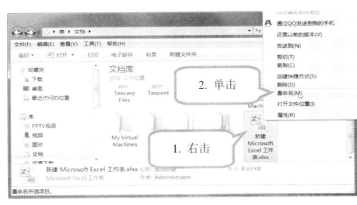

🔊 重命名工作簿也可以通过快捷菜单的方式来实现。

1. 右击需要重命名的文档。

2. 在打开的快捷菜单中,单击"重命名"命令后,输入需要的名称。

》☞合并单元格

当表中存在多处单元格需要进行合并时,可按住"Ctrl"键分别选中,再进行合并处理。

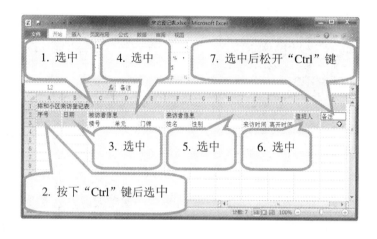

1. 单击单元格 A1,拖动鼠标左键至 L1 单元格,松开鼠标,选中标题行。

2. 按下"Ctrl"键不动直到第 7 步结束,同时拖动鼠标左键自单元格 A2 至 A3,松开鼠标。

3. 拖动鼠标左键自单元格 B2 至 B3,松开鼠标。

4. 拖动鼠标左键自单元格 C2 至 E2,松开鼠标。

5. 拖动鼠标左键自单元格 F2 至 J2,松开鼠标。

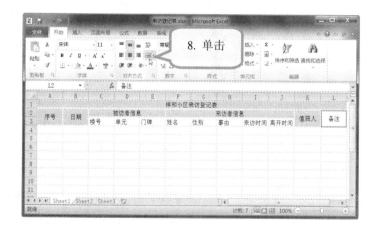

6. 拖动鼠标左键自单元格 K2 至 K3,松开鼠标。

7. 拖动鼠标左键自单元格 L2 至 L3,松开鼠标,同时松开"Ctrl"键。

8. 在"开始"选项卡→"对齐方式"组中,单击"合并后居中"按钮。

»☞ 自动填充序列

Excel 提供了序列填充功能，能够方便地将有规律的数据填充到相邻的单元格中。

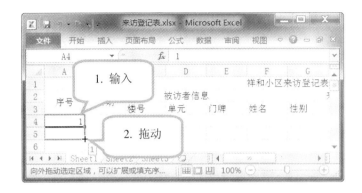

1. 单击单元格 A4，输入 1。

2. 将鼠标置于单元格 A4 的右下方，使其成为"＋"形状后，向下拖动。

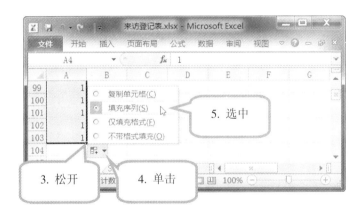

3. 当拖动到单元格 A103 时，松开鼠标，此时单元格 A4:A103 全部被赋值为 1。

4. 单击单元格 A103 右下方的 ▾ "自动填充选项"按钮。

5. 选中"填充序列"选项，完成序列填充。

🔊 过程也可简化为：在鼠标向下拖动的过程中，按住"Ctrl"键，使鼠标变成"＋"形状，到达目标单元格后，将"Ctrl"键与鼠标一起松开。

»☞ 设置行高

单元格中的内容在书写完毕或格式设置后，默认单元格的大小通常不能满足需求，而导致内容无法全部显示，因此可根据需要适当调整表格的行高与列宽。

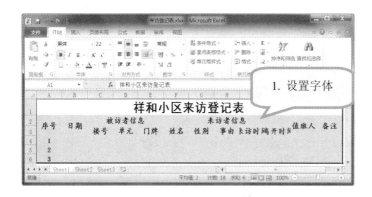

1. 设置标题字体为"黑体"、22 号字、加粗、居中，表头字体为"楷体"、14 号字、加粗、居中，数据字体为"宋体"、12 号字、加粗、居中。

2. 单击 A1 单元格，在"开始"选项卡→"单元格"组中，单击"格式"按钮。

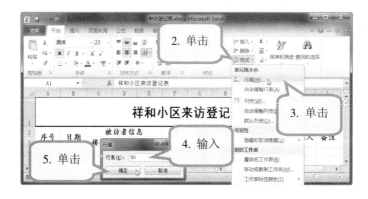

3. 在"格式"下拉列表中，单击"行高"命令。

4. 在"行高"对话框的数值输入框中，输入"50"。

5. 单击"确定"按钮完成标题行高的设置。

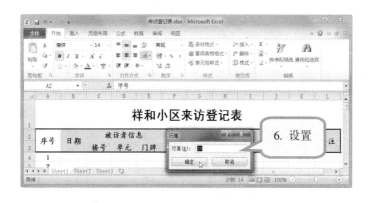

6. 表头行高的设置同上。拖动鼠标左键自单元格 A2 至 L3，单击"开始"选项卡→"单元格"组→"格式"按钮→"行高"命令，在输入框中，输入"20"。

🔊 其余行的行高根据填写需要设置为"40"。

»☞设置列宽

列宽的设置和行高的设置相似。如果同时设置多个单元格的列宽，可按下"Ctrl"键多选。

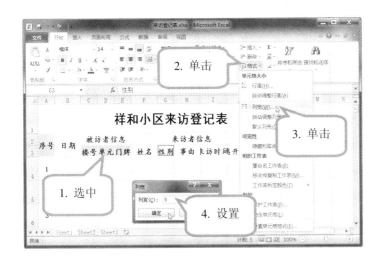

1. 按下"Ctrl"键选中需要设置的单元格 A2、C3、D3、E3 和 G3。
2. 在"开始"选项卡→"单元格"组中，单击"格式"按钮。
3. 在"格式"下拉列表中，单击"列宽"命令。
4. 在"列宽"对话框的数值输入框中，输入"5"，单击"确定"按钮完成设置。

🔊 设置行高和列宽，也可以使用快捷菜单中的命令。

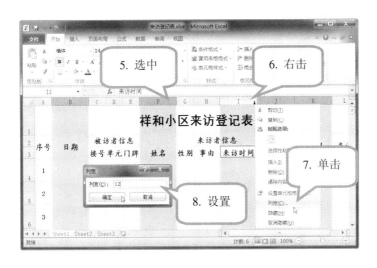

5. 按下"Ctrl"键选中列 B、F、I、J 和 K。
6. 鼠标右键单击选中的任意列号，如 I 列。
7. 在打开的快捷菜单中，单击"列宽"命令。
8. 在"列宽"输入框中，输入"12"，单击"确定"按钮完成设置。

🔊 根据实际填写需要，列 H 的宽度设置为"30"。

»☞设置单元格格式

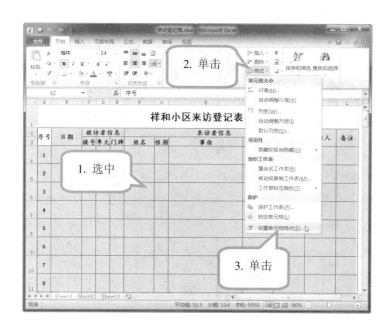

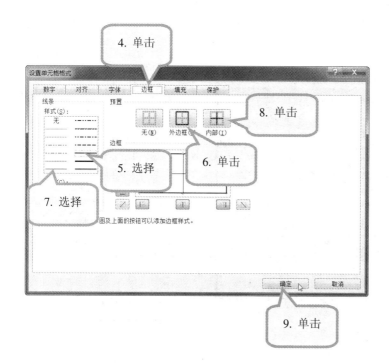

1. 选中 A2:L103 单元格区域。

2. 在"开始"选项卡→"单元格"组中,单击"格式"按钮。

3. 在"格式"下拉列表中,单击"设置单元格格式"命令。

4. 在打开的"设置单元格格式"对话框中,单击"边框"选项卡。

5. 在线条"样式"列表框中,选择"———"项。

6. 在"预置"栏中单击"外边框"按钮。

7. 在线条"样式"列表框中,选择"———"项。

8. 在"预置"栏中单击"内部"按钮。

9. 单击"确定"按钮完成设置。

🔊 边框设置可应用于任意选中的行、列或单元格。通过单击"边框"栏中的▢、▢、▢、◺、▢、▢、▢、◿按钮,可实现多种边框的设计。

»☞设置页眉/页脚

页眉/页脚的内容将出现在文档中的每一页,其内容和文档内容不冲突,具有说明、提示的作用。

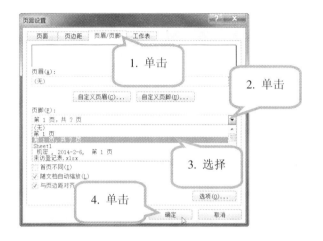

1. 单击"文件"选项卡→"打印"栏→"页面设置"按钮,在打开的"页面设置"对话框中,单击"页眉/页脚"选项卡。

2. 单击"页脚"栏。

3. 选择"第 1 页,共 ? 页"项。

4. 单击"确定"按钮完成自动页脚的设置。

5. 如果想进一步丰富页脚内容,可单击"自定义页脚"按钮。

6. 在打开的"页脚"对话框中,在需要的位置输入文字,如"祥和物业恭祝您幸福安康!咨询电话:13901002233。"。

7. 选中输入的文字,单击 A 按钮,设置字体为隶书、加粗、16 号字。

8. 单击"确定"按钮完成设置。

☞ 设置相同表格标题

当表格具有多页时，默认情况下只有第一页显示标题，为了方便阅读，使其他页也添加标题，则需要进行以下设置。

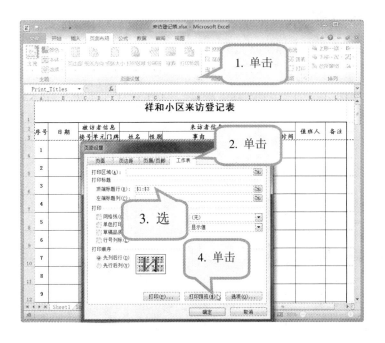

1. 在"页面布局"选项卡→"页面设置"组中，单击"功能扩展"按钮。
2. 在打开的"页面设置"对话框中，单击"工作表"选项卡。
3. 在"打印标题"栏中，选择"顶端标题行"为表格中的1～3行。此处可在表格中拖动鼠标直接选择需要的内容。
4. 单击"打印预览"按钮查看效果。
5. 在打开的"预览"窗口中，单击方向键浏览每页的预览效果图。

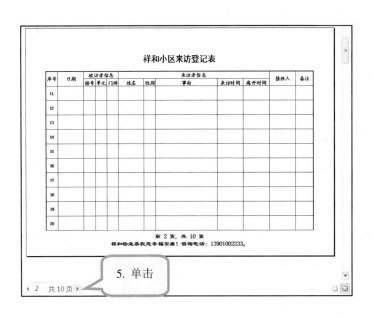

🏃 "冻结窗口"功能

以上方法仅适用于打印相同表格标题。如果在视图中查看较多数据，需要固定标题，则应使用"冻结窗口"功能。激活单元格A4，单击"视图"选项卡→"窗口"组→"冻结拆分窗格"命令，即可在视图中固定查看表格标题。

实例3 制作学生课表

☞ **学习情境**

小红就读于实验中学,新学期开学典礼时,班主任宣读了本学期的课程,内容如下:
星期一,英语、数学、化学、语文、思想品德、物理、历史、校班会;
星期二,语文、数学、生物、英语、物理、化学、手工、拓展活动;
星期三,化学、英语、物理、语文、数学、体育、信息技术、自习;
星期四,思想品德、物理、英语、数学、化学、语文、地理、团日活动;
星期五,物理、英语、数学、化学、语文、信息技术、综合实验、大扫除。
另外,每天早晨为晨读时间,上午二节课后做课间操,中午时间安排午休。
班主任要求本班同学做好新学期的课前准备,按以上内容制作本学期的课程表,并打印两份,分别放在家中和书包内。

☞ **编排效果**

课 程 表

八年级(8)班   小红

周次\星期		星期一	星期二	星期三	星期四	星期五
上午	第一节	英语	语文	化学	思想品德	物理
	第二节	数学	数学	英语	物理	英语
	课间操					
	第三节	化学	生物	物理	英语	数学
	第四节	语文	英语	语文	数学	化学
午　休						
下午	第五节	思想品德	物理	数学	化学	语文
	第六节	物理	化学	体育	语文	信息技术
	第七节	历史	手工	信息技术	地理	综合实验
	第八节	校班会	拓展活动	自习	团日活动	大扫除

☞ **掌握技能**

通过本实例,将学会以下技能:
- 自动填充汉字序列。
- 插入行、列和单元格。
- 改变文字方向。
- 设置自动换行。
- 制作斜线表头。

»☞锁定 Excel 图标到任务栏

为了方便启动 Excel，可将 Excel 图标锁定到任务栏。

1. 在 Windows 7 桌面上，单击任务栏左侧的"开始"按钮。

2. 在弹出的"开始"菜单中，右键单击"Microsoft Excel 2010"项。

3. 在快捷菜单中单击"锁定到任务栏"项，可将"开始"菜单中的 Excel 图标移动至任务栏。

4. 单击任务栏中的 Excel 图标，可启动 Excel。当鼠标悬浮在图标上时，可查看当前已打开的 Excel 文档缩略图。

🔊 如需要取消任务栏的 Excel 图标，可右键单击该图标，在快捷菜单中，单击"将此程序从任务栏解锁"，此时 Excel 图标将回到"开始"菜单中。

新建空白工作簿

启动 Excel 程序就打开 Excel 窗口，同时新建名为"工作簿 1"的空文档，我们也可以根据需要新建其他的空白工作簿。

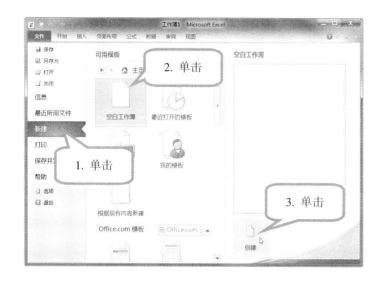

1. 单击"文件"选项卡→"新建"命令。

2. 在"可用模板"页面中，单击"空白工作簿"。

3. 单击"创建"按钮，新建名为"工作簿 2"的空文档。

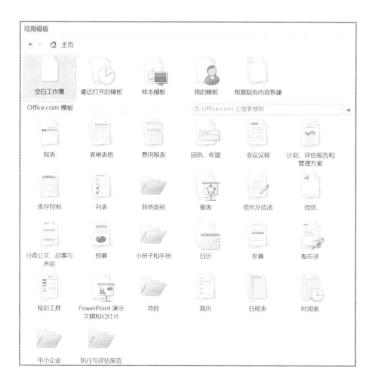

Excel 文档不仅可以建立空白文档，还可以根据需要选用不同的模板建立文档。所需模板均在"文件"选项卡→"新建"命令→"可用模板"页面。其中："样本模板"是安装 Office 套件时，软件自带的模板，不需要下载即可直接使用，但是种类较少；"Office.com 模板"种类较多，但是需要联网并下载至本机方可使用。

»☞ 自动填充汉字序列

按照实例要求，在"工作簿2"的Sheet1中输入课程表的内容，并保存为"课程表"。要求星期一至星期五使用"自动填充"功能。

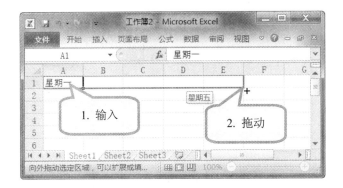

1. 单击A1单元格，输入"星期一"，将鼠标置于单元格A1右下方的填充柄处，使其成为"+"形状。
2. 拖动鼠标自A1单元格至E1单元格，释放鼠标。
3. 单击E1单元格右下方的"自动填充选项"图标。
4. 选中"填充序列"选项，完成序列填充。
5. 输入实例要求的内容，保存文档为"课程表"。

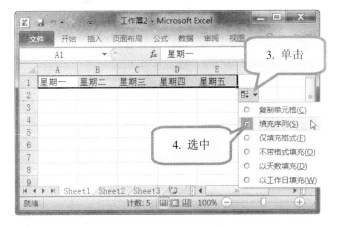

🔊 "自动填充"功能适用于填充有规律的词组或数字。

"自动填充"选项中："复制单元格"可实现复制第一个单元格的内容和格式至后续单元格的功能；"填充序列"可实现按规律填充后续单元格的功能；"仅填充格式"可实现复制第一个单元格的格式至后续单元格的功能；"不带格式填充"可实现复制第一个单元格的内容至后续单元格的功能。

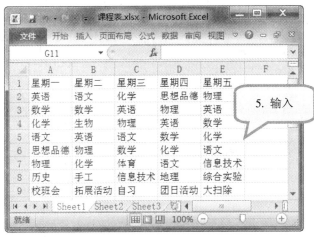

☞ 插入列

在输入数据时，若表格内容需要进一步添加，则可根据需要插入行、列或单元格，插入的方法有三种。

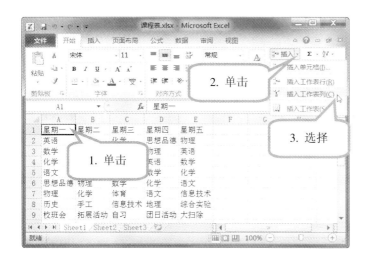

第一种方法：
1. 单击单元格 A1。
2. 在"开始"选项卡→"单元格"组中，单击"插入"按钮右边的箭头。
3. 在下拉列表中，选择"插入工作表列"项，则在 A1 单元格的左侧插入一列。

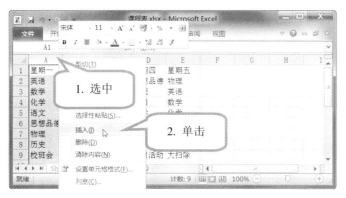

第二种方法：
1. 选中 A 列。
2. 右键单击 A 列，在快捷菜单中，单击"插入"命令，则在 A 列的左侧插入一列。

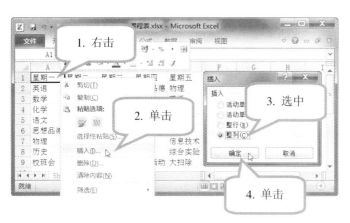

第三种方法：
1. 右键单击 A1 单元格。
2. 在快捷菜单中，单击"插入"命令，打开"插入"对话框。
3. 选中"整列"项。
4. 单击"确定"按钮，在 A1 单元格左侧插入一列。

»☞自定义填充序列

Excel 中定义的填充序列有限，我们在需要时可自定义序列，从而方便数据使用。

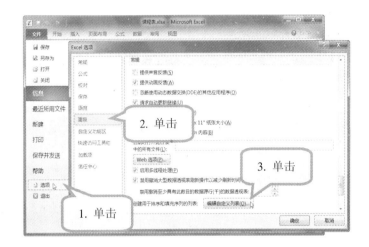

1. 单击"文件"选项卡→"选项"命令，打开"Excel 选项"对话框。
2. 单击"高级"选项，在右侧的选项中，找到"常规"栏。
3. 单击"编辑自定义列表"按钮，打开"自定义序列"对话框。

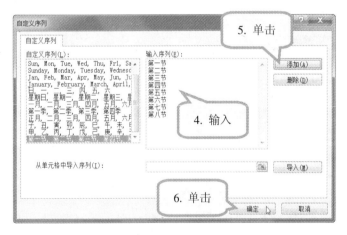

4. 在"输入序列"中，输入需要填充的内容。每输入完一个词组，需按"Enter"键分割序列条目。
5. 输入完毕后，单击"添加"按钮，将内容添加至"自定义序列"中。
6. 单击"确定"按钮返回"Excel 选项"对话框，再次单击"确定"按钮返回正在编辑的 Excel 文档。

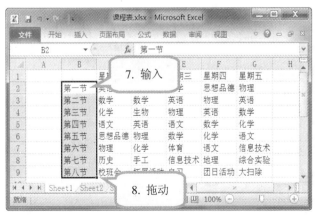

7. 在 B2 单元格中输入"第一节"。
8. 将鼠标置于 B2 单元格右下方的填充柄处，拖动填充柄至 B9，完成自定义序列的填充。

»☞插入行

插入行的方法和插入列的方法相同,当有多行需要同时操作时,可使用"Ctrl"键多选。

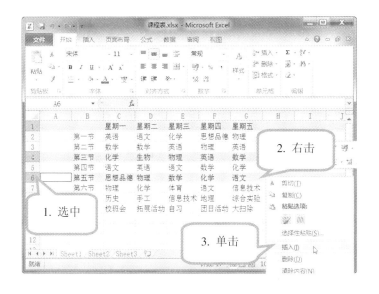

1. 按下"Ctrl"键的同时,选中第1行、第4行和第6行。

2. 右键单击选中区域。

3. 在快捷菜单中单击"插入"命令,将分别在第1行、第4行和第6行的上方插入一行。

4. 选中 A1 单元格,单击"合并后居中"按钮,输入"课程表 八年级(8)班 小红"。

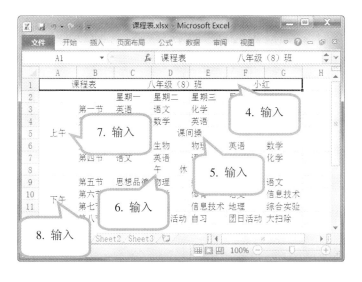

5. 选中 B5 单元格,单击"合并后居中"按钮,输入"课间操"。

6. 选中 A8 单元格,单击"合并后居中"按钮,输入"午休"。

7. 选中 A3 单元格,单击"合并后居中"按钮,输入"上午"。

8. 选中 A9 单元格,单击"合并后居中"按钮,输入"下午"。

»☞ 改变文字方向

Excel 单元格中，默认的文字对齐方向为横向，用户可根据需要自行调整为其他方向。

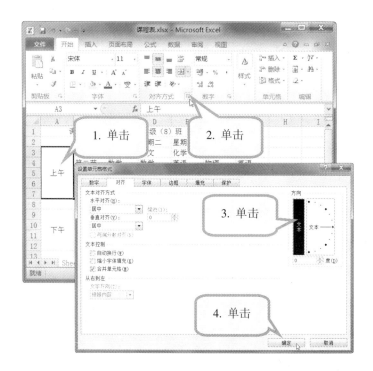

1. 单击 A3 单元格。

2. 在"开始"选项卡→"对齐方式"组中，单击右下方的"功能扩展"按钮，打开"设置单元格格式"对话框。

3. 在"对齐"选项卡中，单击竖向排列的文本标识。

4. 单击"确定"按钮，将 A3 单元格中的文字调整为竖向对齐。

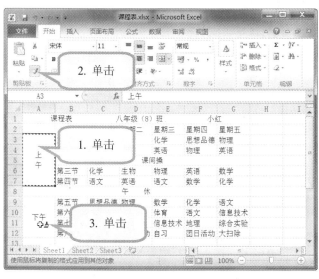

🎯 格式刷复制格式

Excel 中可使用格式刷复制单元格的格式，具有屏蔽细节、操作简单的特点。

1. 单击 A3 单元格。

2. 单击"开始"选项卡→"剪贴板"组→"格式刷"按钮。

3. 当鼠标变为形状时，单击 A9 单元格，完成格式复制。

»☞设置自动换行

在 Excel 单元格中，当输入的文字超出单元格宽度时，文字会延伸到其他的单元格中，即使调整行高也无法使文字另起一行，此时可通过设置自动换行来调整文字在单元格中的位置。

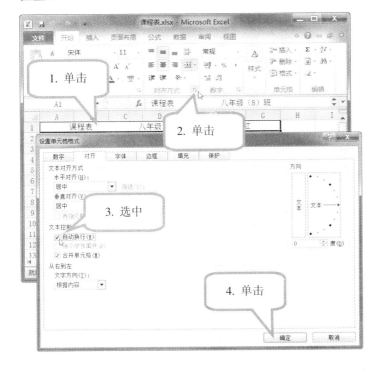

1. 单击 A1 单元格。

2. 在"开始"选项卡→"对齐方式"组中，单击右下方的"功能扩展"按钮，打开"设置单元格格式"对话框。

3. 在"对齐"选项卡中，选中"自动换行"项。

4. 单击"确定"按钮。

5. 将鼠标置于 A1 单元格"八年级"的前面，持续按空格键，当观察到"八年级"换行时停止。

6. 将鼠标悬浮于第 1 行行标的下方，当鼠标呈"✢"形状时，向下拖动鼠标，将行高调整至合适的位置。

设置手动换行

在 Excel 中，单击某单元格，将鼠标置于需要换行的位置，使用快捷键"Alt+Enter"可实现手动换行。

»☞ 制作斜线表头

为了增强表格结构的层次感和可读性，可为表格设置斜线表头，标明行或列中数据的作用。

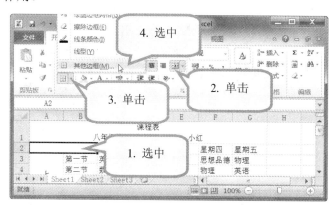

1. 选中 A2:B2 单元格。

2. 单击"开始"选项卡→"对齐方式"组→"合并后居中"按钮。

3. 单击"开始"选项卡→"字体"组→"边框"按钮右侧的箭头。

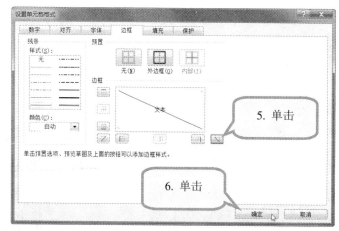

4. 在下拉列表中，选中"其他边框"选项，打开"设置单元格格式"对话框。

5. 在"边框"选项卡中，单击"斜线"按钮。

6. 单击"确定"按钮返回。

7. 将 A2 单元格的文字对齐方式设置为"顶端对齐"。

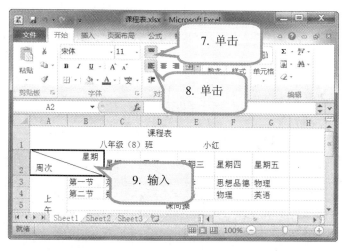

8. 同时将 A2 单元格的文字对齐方式设置为"文本左对齐"。

9. 在 A2 单元格中，输入"星期周次"文字。将鼠标置于"星期"的后面，按"Alt+Enter"键手动换行，并使用空格键调整文字的位置。

»☞设置表格边框

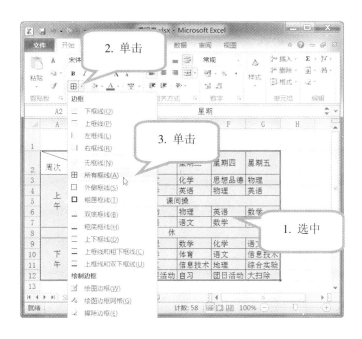

1. 选中 A2:G12 单元格。

2. 单击"开始"选项卡→"字体"组→"边框"按钮右侧的箭头。

3. 在下拉列表中,单击"所有框线"选项。

4. 单击"开始"选项卡→"字体"组→"边框"按钮右侧的箭头,在下拉列表中,单击"粗匣框线"选项。

　　Excel 表格的边框设置多样且灵活,用户可根据需要在"设置单元格格式"对话框中对表格或单元格进行边框设置。

　　若选中一个单元格,则设置此单元格的边框与线型。

　　若选中多个单元格,则设置由多个单元格组成的表格的边框与线型。

»☞缩放与打印

表格设计完成后,有时不太符合页面的整体布局,为了使设计内容布满页面,可通过调整缩放比例,放大或缩小表格内容至合适的位置。

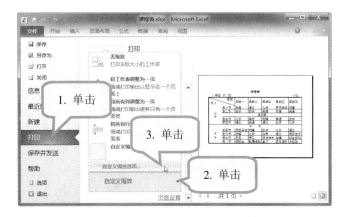

1. 单击"文件"选项卡→"打印"命令。

2. 单击"自定义缩放"栏,打开缩放选项菜单。

3. 单击"自定义缩放选项",打开"页面设置"对话框。

4. 在"页面"选项卡中,选中"横向"打印方向。

5. 在"缩放比例"中,单击向上的箭头,调整缩放比例为200%。

6. 单击"确定"按钮返回。

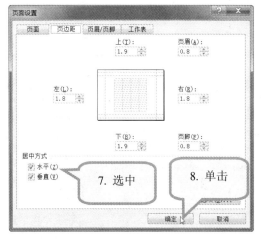

7. 再次打开"页面设置"对话框,在"页边距"选项卡中,选中"水平"和"垂直"复选框。

8. 单击"确定"按钮返回。

实例 4　制作超市购物清单

☞ 学习情境

张阿姨准备去超市购买一些日常用品，而超市中琳琅满目的商品以及各种优惠活动往往使顾客忘记了最初的购物需求，而导致盲目购物。因此，张阿姨希望在去超市前，制作一个超市购物清单，将需要购买的物品及数量打印出来，既能够有的放矢地购物，又能够节省时间，同时还可以设置购物计划，理性消费。

本次计划购买的内容如下：运动水壶 1 个、酸牛奶 1 桶、饼干 1 袋、棉袜 2 双、卷纸 1 提、洗发水 1 瓶、香皂 1 块、垃圾袋 1 包、毛巾 1 条、口香糖 1 瓶。

☞ 编排效果

1月1日购物清单

序号	物品名称	购买数量	单位	物品类别
01	卷纸	1	提	厨卫
02	垃圾袋	1	包	厨卫
03	棉袜	2	双	服饰
04	运动水壶	1	个	日用品
05	饼干	1	袋	食品
06	口香糖	1	瓶	食品
07	酸牛奶	1	桶	食品
08	毛巾	1	条	洗化用品
09	洗发水	1	瓶	洗化用品
10	香皂	1	块	洗化用品

☞ 掌握技能

通过本实例，将学会以下技能：
- 重命名工作表标签。
- 添加工作表和下拉列表。
- 设置字符格式。
- 查找与替换。
- 排序与筛选。

»☞ 发送 Excel 图标至桌面

为了方便启动 Excel，可将 Excel 2010 图标发送至桌面，之后双击桌面上的快捷方式图标，即可启动 Excel。

1. 在 Windows 7 桌面上，单击任务栏左侧的"开始"按钮。

2. 在弹出的"开始"菜单中，单击"所有程序"项。

3. 在"所有程序"组中，单击"Microsoft Office"，打开下拉列表，右键单击"Microsoft Excel 2010"项。

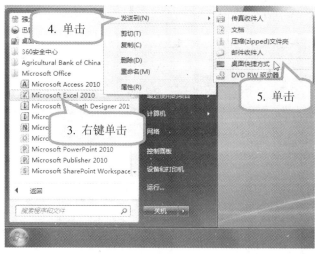

4. 在打开的快捷菜单中，单击"发送到"项。

5. 在子菜单中，单击"桌面快捷方式"项，将 Excel 图标添加至桌面。

6. 返回桌面后，双击"Microsoft Excel 2010"图标即可打开 Excel。

»☞重命名工作表标签

启动 Excel 程序新建一个名为"超市购物清单"的空白工作簿，同时包括三个工作表。为了方便查看，可将购物清单按日期分为不同的工作表，并将每个工作表按日期重命名。

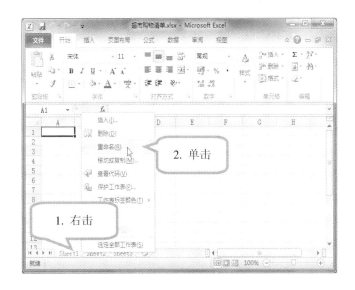

1. 右键单击"Sheet1"工作表标签。

2. 在打开的快捷菜单中，单击"重命名"项。

3. 当工作表的名称变为黑底白字时，输入"1月1日"。

4. 输入完毕，按"Enter"键确认输入。

🔊 其余工作表也可按相同方法进行重命名，如将 Sheet2 重命名为"1月10日"，将 Sheet3 重命名为"1月20日"。

»☞添加工作表

在新建 Excel 文档的同时，Excel 会为用户自动新建 3 个工作表，当工作表不够用时，可自行添加，最多不可超过 255 个。

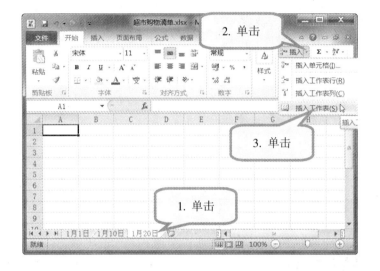

1. 单击最后一个工作表。

2. 单击"开始"选项卡→"单元格"组→"插入"按钮右侧的箭头。

3. 在下拉列表中，单击"插入工作表"项，新工作表就插入到"1月20日"工作表的前面，标签名称为"Sheet4"。

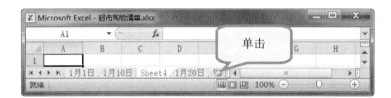

也可以单击工作表标签栏右侧的"插入工作表"按钮，快速插入工作表，此时，新插入的工作表在原工作表的后面。

改变新建工作簿中默认工作表的数量

1. 打开"文件"选项卡中的"选项"对话框，单击"常规"项。

2. 在"新建工作簿时"模块中，设置"包含的工作表数"数量，如输入"5"。

3. 单击"确定"按钮完成设置。之后再新建的工作簿，将默认新建 5 个工作表。

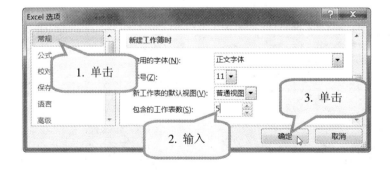

»☞ 添加下拉列表

为了简便、快捷地输入数据，可以为某个单元格添加下拉列表，在列表中包括所需的类别，之后不必按键盘输入，而只使用鼠标选择相应项即可。

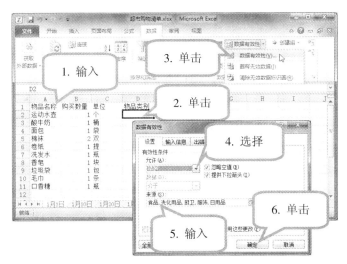

1. 在标签名称为"1月1日"的工作表中，输入本实例需要的数据。

2. 单击 D2 单元格。

3. 单击"数据"选项卡→"数据工具"组→"数据有效性"按钮。

4. 在打开的"数据有效性"对话框的"设置"选项卡中，选择"有效性条件"为允许"序列"。

5. 在"来源"处，输入商品类别，如"食品，洗化用品，厨卫，服饰，日用品"。

6. 单击"确定"按钮完成对 D2 单元格的设置并返回工作表。

7. 在 D2 单元格的右下方，当鼠标成为"+"形状时，拖动鼠标至 D11 单元格。

8. 单击"自动填充选项"→"复制单元格"，可将 D2:D11 单元格设置为同样的列表样式。

9. 依次单击 D2:D11 单元格右侧的箭头，分别为商品选择对应的类别。

查找与替换

在输入数据后，为了在众多数据中找到所需数据，经常会用到"查找"功能，同时可以对查找到的数据进行替换操作。在大量相同数据的查找与替换中，此功能要明显优于手工修改数据的效率。

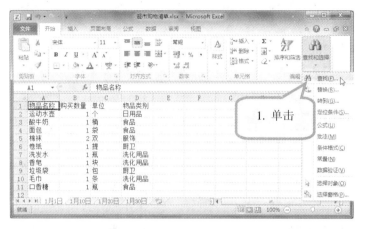

1. 单击工作表的任意单元格，在"开始"选项卡→"编辑"组中，单击"查找和选择"按钮→"查找"命令。

2. 打开"查找和替换"对话框，在"查找"选项卡中，输入查找内容，如"面包"。

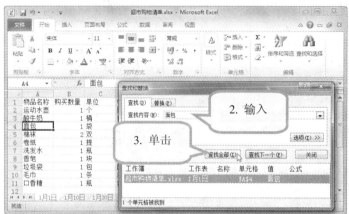

3. 单击"查找全部"按钮，在下方的预览框中，即可查看包含"面包"单元格的相关信息，同时自动激活第一个查找到的单元格。

4. 也可使用快捷键"Ctrl+F"打开"查找和替换"对话框，在"替换"选项卡中，输入需要替换的数据。

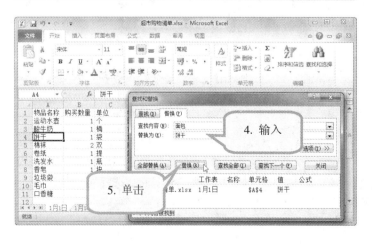

5. 单击"替换"按钮，完成当前活动单元格内容的替换。也可以单击"全部替换"按钮，完成当前工作表中所有与"查找内容"相匹配数据的替换。

»☞ 数据排序

将数据按照所需的规律进行排序，可提高数据处理的效率，增强数据的可读性。

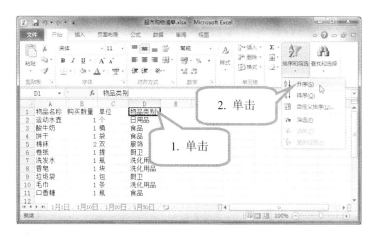

1. 单击某单元格，如 D1。
2. 单击"开始"选项卡→"编辑"组→"排序和筛选"按钮→"升序"命令，即可按照 D 列单元格中第一个汉字的拼音顺序进行升序排序。

🔊 Excel 具有自动识别表格标题的功能。当表格标题字段被识别时，排序将排除标题，对其余数据进行排序；当表格标题字段未被识别时，则需要使用自定义排序，区分标题和数据。

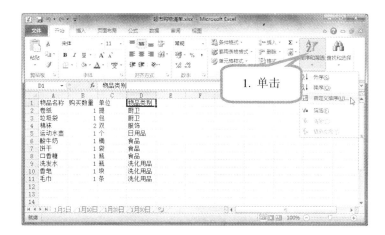

1. 单击"开始"选项卡→"编辑"组→"排序和筛选"按钮→"自定义排序"命令。
2. 在"排序"对话框中，选中"数据包含标题"复选框。
3. 单击"添加条件"按钮。

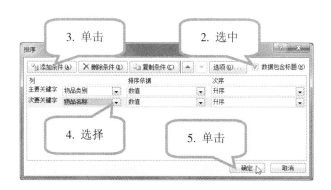

4. 在"次要关键字"处，选择列为"物品名称"，其余默认。
5. 单击"确定"按钮返回工作表，完成组合排序。

数据筛选

Excel 除了可以对数据排序外，还可以对数据进行筛选，以方便查看某一类的数据。

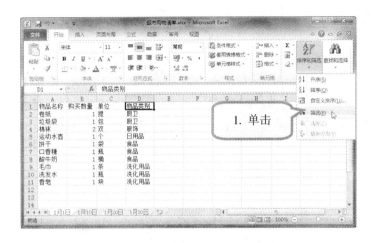

1. 选中 D1 单元格，单击"开始"选项卡→"编辑"组→"排序和筛选"按钮→"筛选"命令。

2. 单击 D1 单元格右侧的箭头。

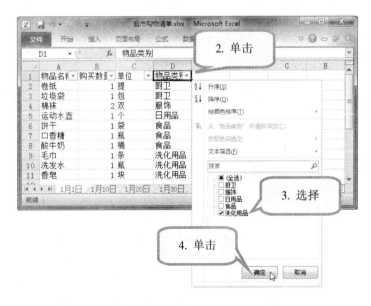

3. 在"文本筛选"下拉列表中，选择一个类别，如"洗化用品"。

4. 单击"确定"按钮，显示所有"物品类别"为"洗化用品"的行。

在筛选过程中，未被选中的类别暂时被隐藏。

若筛选的单元格中存在颜色，还可以根据颜色筛选数据。

若需要筛选的条件较多，可增加筛选条件，进行自定义筛选。

如果要取消筛选，需再次单击"开始"选项卡→"编辑"组→"排序和筛选"按钮→"筛选"命令。

实例 4 制作超市购物清单

»☞设置字符格式

当我们需要为表格编写序号时，某些特殊的字符，如"01"输入单元格后，往往无法满足需要，自动变成 Excel 默认的数据格式，此时需要对字符进行格式设置。

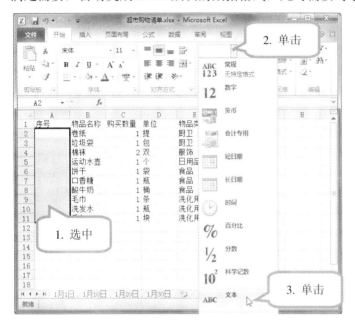

1. 选中 A2:A11 单元格。

2. 单击"开始"选项卡→"数字"组→"数字格式"按钮右侧的箭头。

3. 在下拉列表中，单击"文本"项。

🔊 "文本"字符格式可将数字转化为文本。

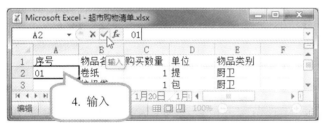

4. 在 A2 单元格中，输入"01"后回车，在 A2 单元格的右下方，当鼠标成为"+"形状时，拖动填充柄至 A11 单元格，完成数据填充。

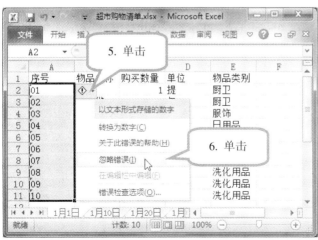

5. 选中 A2:A11 单元格，单击"错误提示"按钮 ⚠，提示"以文本形式存储的数字"。

6. 在打开的快捷菜单中，单击"忽略错误"项。

套用表格格式

Excel 2010 提供了套用表格格式的功能，通过表格样式选择，可快速改善表格色彩。

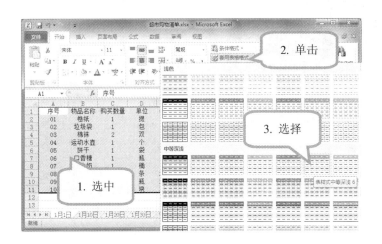

1. 选中 A2:A11 单元格。

2. 单击"开始"选项卡→"样式"组→"套用表格格式"按钮。

3. 在下拉列表中，选择"表样式中等深浅 6"表格样式。

4. 在"套用表格式"对话框中，选中"表包含标题"复选框。

清除表格格式

当套用的表格样式不再需要时，可通过清除格式功能撤销表格格式。

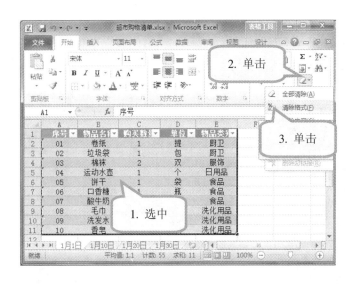

1. 选中 A2:A11 单元格。

2. 单击"开始"选项卡→"编辑"组→"清除"按钮。

3. 在下拉列表中，单击"清除格式"项，清除所选单元格的格式。

»☞表格格式转换为区域

套用表格格式后，将为表格标题行自动添加筛选功能，若需要取消筛选状态，可直接取消筛选，或者将表格格式转换为区域。

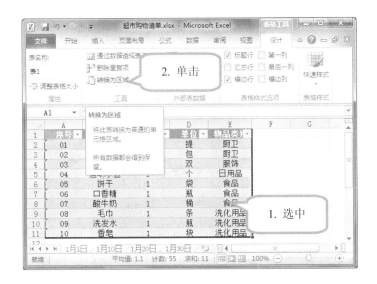

🔊 将表格格式转换为区域，表格功能将不再可用。

1. 选中 A2:A11 单元格。

2. 单击"表格工具"功能区→"设计"选项卡→"工具"组→"转换为区域"按钮。

3. 在弹出的对话框中，单击"是"按钮，将表转换为普通区域。

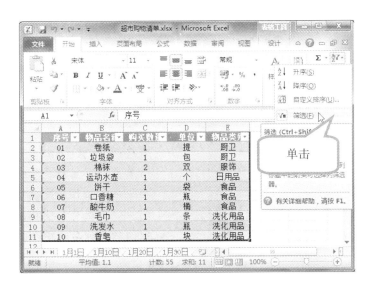

🔊 单击"编辑工具"组→"排序和筛选"按钮，在下拉菜单中，单击"筛选"项，取消筛选状态。

»☞添加表头

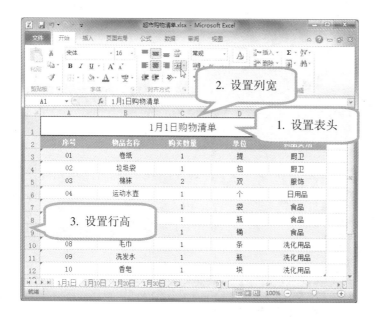

1. 在最上面插入一个空行，选中 A1:E1 单元格，单击"合并后居中"按钮，输入"1月1日购物清单"，设置字体为"宋体"、"16"号，为当前工作表添加表头。

2. 选中列 A 至列 E，设置列宽为"15"。

3. 选中行 1，设置行高为"30"，选中行 2 至行 12，设置行高为"20"。

取消网格线

在默认情况下，Excel 文档提供了网格线，方便设计表格时的整体布局定位，同时这些网格线不参与打印，但是有时这些网格线会影响视觉效果，因此可以在需要时取消网格线的查看。

单击"页面布局"选项卡→"工作表选项"组→"查看"复选框，取消对其的勾选。

实例 4　制作超市购物清单

»☞复制工作表

工作表设计完成后，可使用复制工作表功能，对工作表建立副本，该副本中的所有内容和格式与原本完全相同，节省了再次输入的时间，也简化了再次设置格式的步骤。

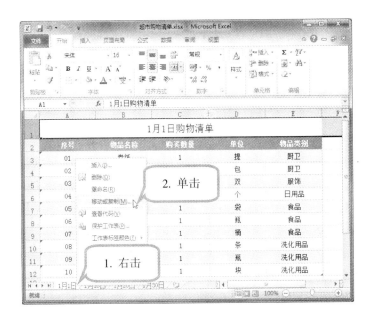

1. 右键单击"1月1日"工作表标签名称处。

2. 在快捷菜单中，单击"移动或复制"项。

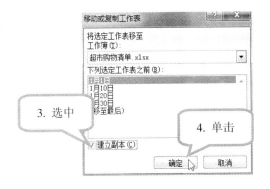

3. 在"移动或复制工作表"对话框中，选中"建立副本"复选框。

4. 单击"确定"按钮，Excel自动新建一个工作表，标签名为"1月1日(2)"，数据内容与格式和"1月1日"工作表的一致。

移动工作表

若希望将工作表移动到其他位置，可使用以下两种方法。

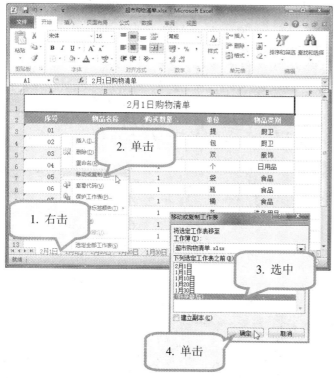

第一种方法：

1. 右键单击需要移动的工作表标签名称处。

2. 在快捷菜单中，单击"移动或复制"项。

3. 打开"移动或复制工作表"对话框，在"下列选定工作表之前"的列表中，选中需要移动的位置，如"(移至最后)"。

4. 单击"确定"按钮完成工作表的移动。

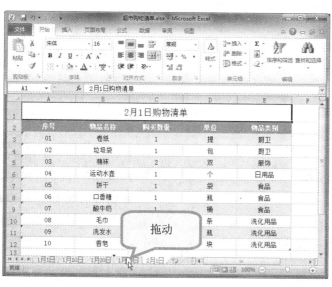

第二种方法：

采用直接拖拽的方式。单击需要移动的工作表标签，保持鼠标按下，当鼠标变成""形状时，拖动鼠标至工作表需要移动的位置，松开鼠标即可。

»☞设置工作表标签颜色

为了方便查看，除了将工作表重命名外，还可以设置工作表标签的颜色，将不同类别的工作表标签设置为不同颜色。

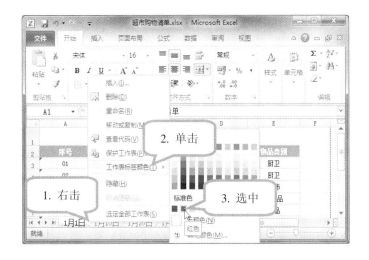

1. 右键单击工作表标签。

2. 在弹出的快捷菜单中，单击"工作表标签颜色"项。

3. 在右侧的颜色选择框中，选中"红色"。

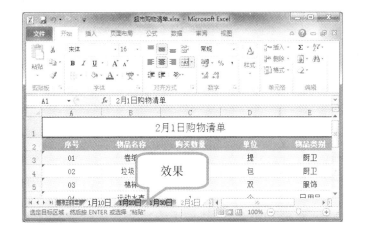

🔊 采用同样的方法，依次设置其他工作表标签颜色，效果如图所示。

实例 5　制作家庭专用信封

☞ 学习情境

母亲节要到了，小华写了一封信表达自己对母亲的感恩之情。因为普通信封设计较为单一，无法匹配信件的主题，所以小华希望自己设计一个信封，装进自己要对妈妈讲的话。

☞ 编排效果

☞ 掌握技能

通过本实例，将学会以下技能：
- 信封类型的页面设置。
- 插入艺术字、图片、形状。
- 设置和打印工作表背景。

实例 5　制作家庭专用信封

»☞建立信封文档

信封是具有特殊格式和尺寸的文档,因此设计时需考虑信封内容是否符合标准。国内信封标准 DL 号与现行 5 号信封一致,其信封尺寸为 22 cm × 11 cm。本例在页面设置时采用 DL 信封标准。

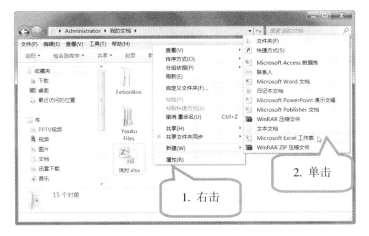

1. 在"我的文档"中,右键单击空白区域。

2. 在快捷菜单中,单击"新建"→"Microsoft Excel 2010"项,重命名此文档为"信封.xlsx"。

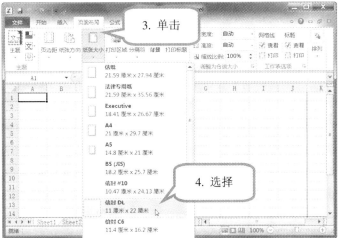

3. 双击"信封.xlsx"打开文档,单击"页面布局"选项卡→"页面设置"组→"纸张大小"按钮。

4. 在下拉列表中,选择"信封 DL"项,此时文档中的虚线表示每一页的大小区域。

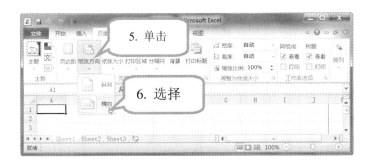

5. 单击"页面布局"选项卡→"页面设置"组→"纸张方向"按钮。

6. 在下拉列表中选择"横向"项。

»☞ 设置选定区域边框

标准信封封面内容包括：收信人的邮政编码、地址和姓名，寄信人的地址、姓名和邮政编码。为了醒目和美化，一般都会为信封设置边框。

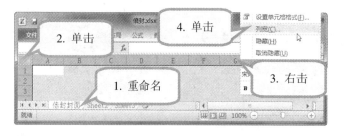

1. 将工作表 Sheet1 标签重命名为"信封封面"。

2. 单击"全选"按钮，选中所有单元格。

3. 在列号位置，右键单击。

4. 在快捷菜单中，单击"列宽"项。

5. 在"列宽"对话框中，输入列宽"2"后，单击"确定"按钮返回工作表。

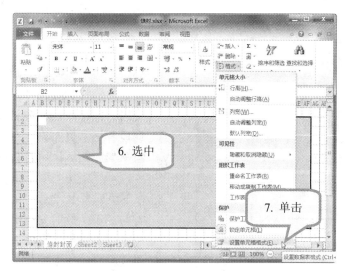

6. 选中 B2：AF13 单元格。

7. 单击"开始"选项卡→"单元格"组→"格式"按钮→"设置单元格格式"命令，打开"设置单元格格式"对话框。

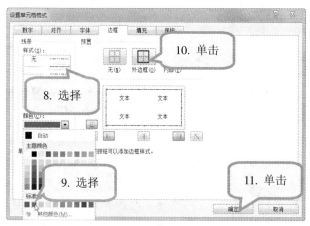

8. 在"边框"选项卡中，选择图示线条样式。

9. 选择线条颜色为"红色"。

10. 单击"外边框"按钮。

11. 单击"确定"按钮返回工作表。

实例 5 制作家庭专用信封

»☞设置单元格边框

一般信封的左上角都有 6 个方格，为收信人的邮政编码，而信封的右下角也有 6 个方格，为寄信人的邮政编码。

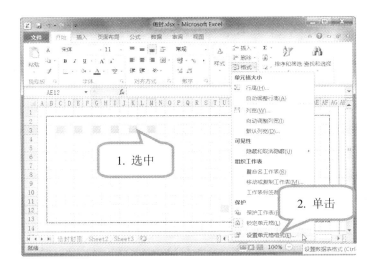

1. 按下"Ctrl"键，分别单击单元格 C3、E3、G3、I3、K3、M3、U12、W12、Y12、AA12、AC12、AE12，同时选中以上单元格。

2. 单击"开始"选项卡→"单元格"组→"格式"按钮→"设置单元格格式"命令，打开"设置单元格格式"对话框。

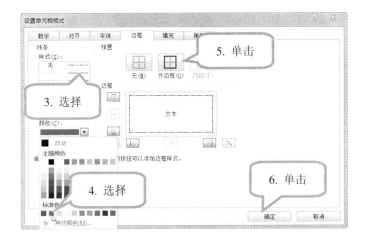

3. 在"边框"选项卡中，选择图示线条样式。

4. 选择线条颜色为"红色"。

5. 单击"外边框"按钮。

6. 单击"确定"按钮返回工作表。

插入艺术字

艺术字是一种具有特殊效果的文字，比一般的文字更具艺术性，可任意旋转角度、着色、拉伸或调剂字间距，以到达最佳效果。在编辑排版文章的时候，往往需要使用艺术字。

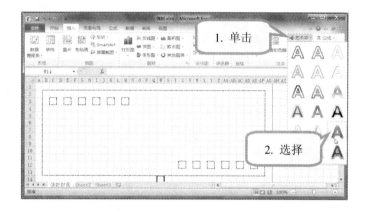

1. 单击"插入"选项卡→"文本"组→"艺术字"按钮。

2. 在下拉列表中，单击选择需插入的艺术字样式。

3. 在"请在此放置您的文字"处，输入需要的文字。

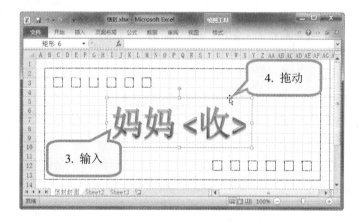

4. 将鼠标置于艺术字形状边缘，当鼠标呈"✥"形状时，可拖动艺术字至合适的位置。

> 插入艺术字后，在 Excel 工具栏中自动添加了"绘图工具格式"选项卡。在此可对艺术字的形状、样式进行设计。

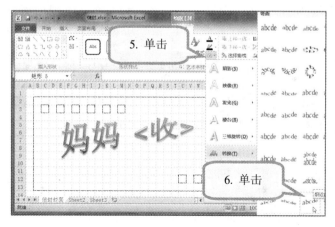

5. 单击"绘图工具"功能区→"格式"选项卡→"艺术字样式"组→"文字效果"按钮。

6. 在下拉列表中，单击"转换"→"前进后远"。

实例 5　制作家庭专用信封

»☞插入图片

为文档增加图片，可插入 Office 软件自带的剪贴画，也可以选择电脑中其他位置的图片插入。

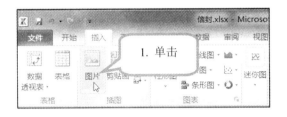

1. 单击"插入"选项卡→"插图"组→"图片"按钮，打开"插入图片"对话框。

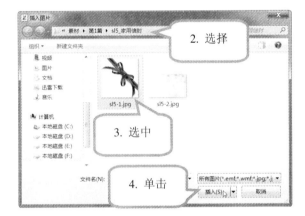

2. 选择图片所在的位置。

3. 在文件预览区，选中需要的图片。

4. 单击"插入"按钮，插入图片并返回文档。

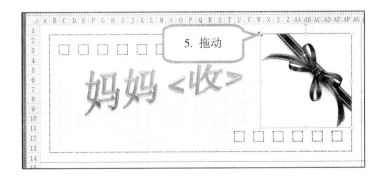

5. 将鼠标置于图片边缘，当鼠标呈斜向双向箭头形状时，可拖动图片调整至合适的大小，并拖动图片至合适的位置。

»☞ 设置图片背景色透明

大部分图片都具有其背景色，在使用过程中，无法得到需要的内容。而以往图片需要专业的图形处理工具，才可以取消掉图片背景色。Excel 2010 提供了删除图片背景的功能，极大地简化了图形内容的选取工作。

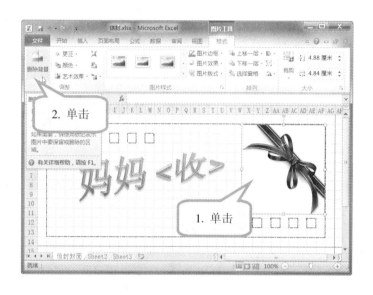

1. 单击文档中需要去除背景色的图片。
2. 单击"图片工具"功能区→"格式"选项卡→"调整"组→"删除背景"按钮。
3. 将鼠标置于图片中的黑色边框边缘，拖动鼠标调整图片需保留的区域。
4. 单击"背景消除"选项卡→"关闭"组→"保留更改"按钮，返回文档。

🔊 单击"背景消除"选项卡→"优化"组→"标记要保留的区域"按钮，可指定额外的要保留下来的图片区域。

🔊 单击"背景消除"选项卡→"优化"组→"标记要删除的区域"按钮，可指定额外的要删除的图片区域。

🔊 单击"背景消除"选项卡→"优化"组→"删除标记"按钮，可删除以上两种操作中标记的区域。

实例 5　制作家庭专用信封

»☞设置工作表背景

为了使工作表内容更加丰富，还可以为其增加背景图片。

1. 单击"页面布局"选项卡→"页面设置"组→"背景"按钮，打开"工作表背景"对话框。

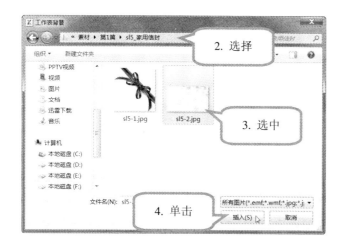

2. 选择图片所在的位置。

3. 在文件预览区，选中需要的图片。

4. 单击"插入"按钮，插入图片并返回文档。

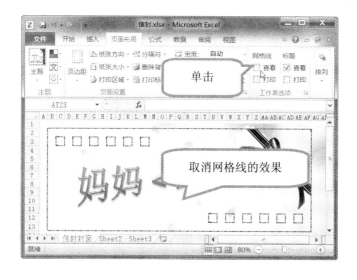

在 Excel 文档的默认设置中，网格线是可以查看的。而本例中网格线会使信封封面过于杂乱，因此可取消网格线。方法为：单击"页面设置"选项卡→"工作表选项"组→"网格线"选项→"查看"复选框，取消其勾选状态。

»☞设置选定区域背景

工作表背景是将整个工作表全部添加背景，如果仅需要为部分区域添加背景，仍需要进行进一步的设置。

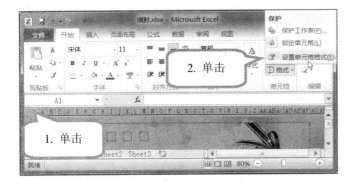

1. 单击"全选"按钮，选中所有单元格。

2. 单击"开始"选项卡→"单元格"组→"格式"按钮→"设置单元格格式"命令，打开"设置单元格格式"对话框。

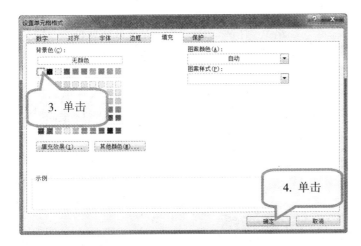

3. 在"填充"选项卡中，选择背景色为"白色"。

4. 单击"确定"按钮返回文档。

5. 选中 A1:AG14 单元格，打开"设置单元格格式"对话框，在"填充"选项卡中，选择背景色为"无颜色"。

6. 单击"确定"按钮返回文档。

»☞打印选定区域背景

在 Excel 中插入的背景是不打印的，如果需要打印，可以将其先转化为图片。

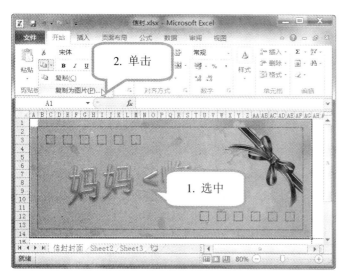

1. 选中 A1:AG14 单元格。

2. 单击"开始"选项卡→"剪贴板"组→"复制"按钮旁的箭头，在下拉列表中，单击"复制为图片"项。

3. 在"复制图片"对话框的"外观"处选中"如屏幕所示"项。

4. 在"格式"处选中"图片"项。

5. 单击"确定"按钮返回文档。

6. 单击"Sheet2"工作表。

7. 单击"开始"选项卡→"剪贴板"组→"粘贴"按钮，设计好的信封封面就以图片形式保存在文档中，以便打印。

☞ 插入形状

信封封面制作完毕后,还需要给信封加上背面和侧翼。在 Sheet2 中,设置纸张方向为"横向",纸张大小仍为默认"A4"。将"信封封面"图片置于 C7 单元格的左上角位置。

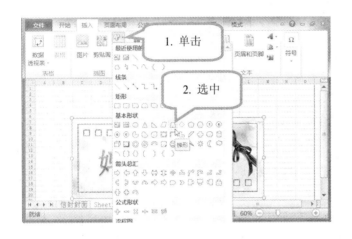

1. 将信封图片置于 C7 元格位置,单击"插入"选项卡→"插图"组→"形状"按钮。

2. 在下拉列表中,选中"梯形"项。

3. 当鼠标变为"+"形状时,将鼠标自 C1 单元格的左上方拖动至信封封面图片的右上角位置,松开鼠标,完成形状的创建。

4. 将鼠标置于图形周边黄色菱形的位置,鼠标呈"▷"形状时,左右拖动鼠标调整形状的倾斜量。

»☞填充形状颜色

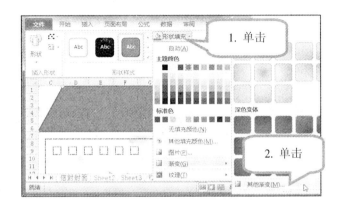

1. 选中需要设置的图形,单击"绘图工具"功能区→"格式"选项卡→"形状样式"组中的"形状填充"按钮。

2. 在下拉列表中,单击"渐变"项中的"其他渐变"。

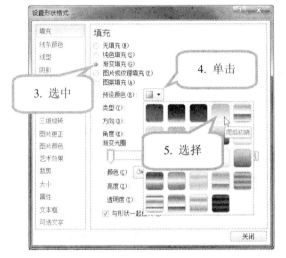

3. 在"设置形状格式"对话框中,选中"渐变填充"。

4. 单击"预设颜色"旁边的按钮。

5. 在下拉列表中,选择"雨后初晴"类型。

🔊 预设颜色有时与文档主题颜色不匹配,此时可通过设置渐变光圈改变预设颜色组合。

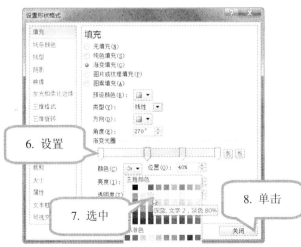

6. 单击渐变光圈下方的停止点 1,设置颜色为"白色,背景 1"。

7. 单击渐变光圈下方的停止点 2,设置颜色为"深蓝,文字 2,淡色 80%"。

8. 单击"关闭"按钮返回。

»☞复制形状

文档在设计时,有时需要多个格式相同的形状,当一个形状设置完成后,其他形状可直接复制,以后只需要对复制后的形状调整大小和方向即可。

1. 单击"绘图工具"功能区→"格式"选项卡→"形状样式"组→"形状轮廓"按钮。

2. 在下拉列表中,单击"无轮廓"项。

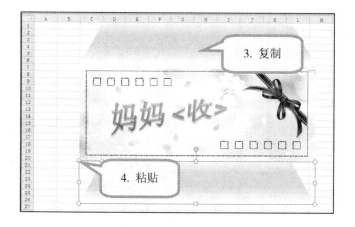

3. 选中当前形状,按组合键"Ctrl+C"进行复制。

4. 单击 C22 单元格,按组合键"Ctrl+V"进行粘贴。

5. 单击 M7 单元格,按组合键"Ctrl+V"进行粘贴。

»☞调整形状大小和方向

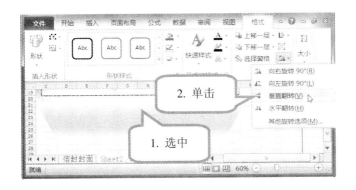

1. 单击选中位于 C21：L26 区域的形状。

2. 在"格式"选项卡→"排列"组→"旋转"按钮的下拉列表中，单击"垂直翻转"项。

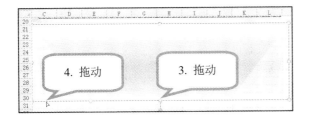

3. 将鼠标置于形状下方中间位置，当鼠标呈"↕"形状时，向下拖动至合适位置。

4. 拖动鼠标，调整倾斜量至合适位置。

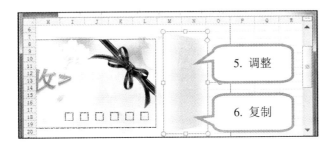

5. 单击选中位于 M7：W12 区域的形状，重复步骤 2~4，调整该形状的大小和方向，其中旋转方向为"向右旋转 90°"。

6. 复制调整好的形状。

7. 粘贴至 A7 单元格处，按方向键调整位置。

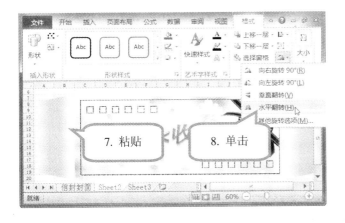

8. 在"格式"选项卡→"排列"组→"旋转"按钮的下拉列表中，单击"水平翻转"项。

实例 6　制作家庭专用信签纸

☞ 学习情境

一种信纸，一种心情。最近，越来越多的朋友倾向于自主设计信签纸，不仅将心情记录在纸上，更将意境设计在纸上。为了丰富业余生活，促进小区内业主间的交流，祥和社区以"我爱我家"为主题，举办"社区信纸设计大赛"，吸引了众多住户，王阿姨家也开始了参赛的筹备工作。

☞ 编排效果

☞ 掌握技能

通过本实例，将学会以下技能：
- 在页眉中插入图片。
- 使用格式刷复制格式。
- 插入与设置剪贴画、SmartArt 图形、文本框。

☞ 设置页边距

新建 Excel 文档,将其重命名为"信签纸",设置纸张大小为"A4",纸张方向为"纵向",页边距为"窄边距"。

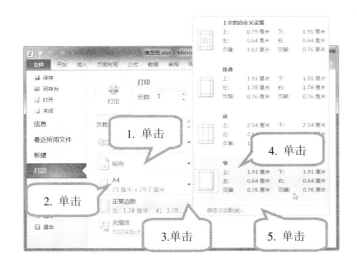

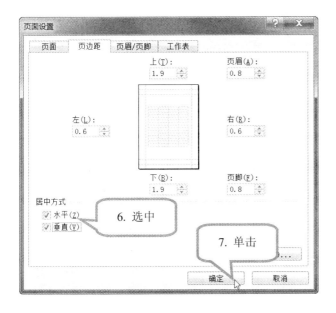

1. 双击打开新建的 Excel 文档,单击"文件"选项卡→"打印"项→"纵向"栏,设置纸张方向。

2. 在"打印"项中,单击"A4",设置纸张大小。

3. 单击"正常边距",打开设置边距列表。

4. 单击"窄"设置页边距,返回打印设置面板。

5. 单击"窄边距"→"自定义边距"。

6. 在"页面设置"对话框的"页边距"选项卡中,选中"水平"、"垂直"选项,设置居中方式。

7. 单击"确定"按钮,返回打印设置面板。

🔊 由于电脑显示设置问题,不同电脑在相同设置下显示效果可能会不同,可根据实际情况再次调整页面设置。

»☞插入页眉图片

Excel 文档未提供添加水印功能，如果需要在整个文档中插入图片水印效果，可通过在页眉中插入图片来实现。

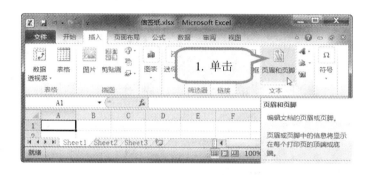

1. 单击"插入"选项卡→"文本"组→"页眉和页脚"按钮。

2. 在"页眉和页脚工具"功能区→"设计"选项卡→"页眉和页脚元素"组中，单击"图片"按钮，打开"插入图片"对话框。

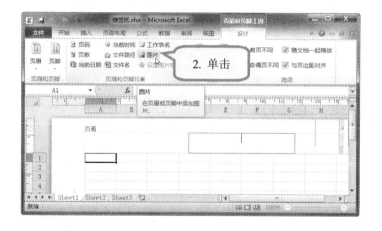

3. 在"插入图片"对话框中，选择图片所在的位置。

4. 在文件预览窗口中，单击选中的图片。

5. 单击"插入"按钮完成图片插入。

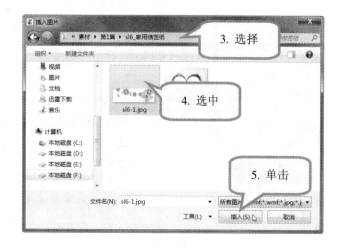

🔊 Excel 视图方式有"普通"视图、"页面布局"视图和"分页预览"视图三种方式。采用在页眉插入图片的方法添加文档水印，在"普通"视图中，无法查看效果。如需查看插入效果，可更换为"页面布局"视图。

»☞设置页眉图片格式

在页眉插入图片后,图片会根据自身大小平铺在页面中,造成背景图片与页面大小不相符,此时可根据纸张大小设置图片大小,使图片在页面中按比例缩放。

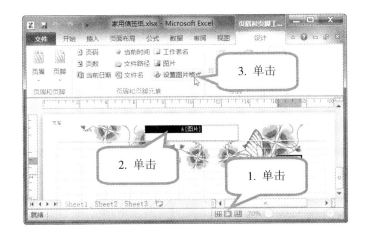

1. 单击"页面布局"按钮,调整视图方式。

2. 单击页眉栏,激活"页眉和页脚工具"功能区→"设计"选项卡。

3. 在"页眉和页脚工具"功能区→"设计"选项卡→"页眉和页脚元素"组中,单击"设置图片格式"按钮。

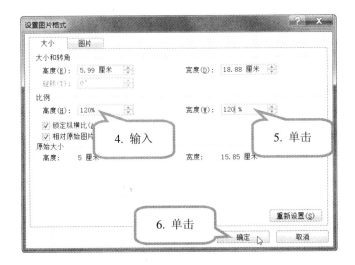

4. 在"设置图片格式"对话框中,设置图片比例栏的"高度"为"120%"。

5. 单击图片比例栏的"宽度"项,会自动应用与高度相同的比例值。

6. 单击"确定"按钮返回页眉和页脚设计界面。

7. 单击页眉上方的空白处返回工作表。页眉设置完成后,可返回普通视图进行下一步的设置。

设置多行行高

在设计 Excel 文档时，经常需要同时设置多行或多列为相同的高度或宽度。设置方法有多种，这里介绍其中的两种方法。

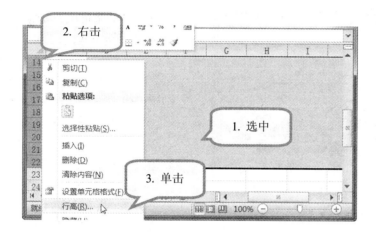

1. 将鼠标置于行号处，当鼠标呈"→"形状时，拖动鼠标选中需要设置的行，如行 14 至行 22。

2. 右键单击选中的行号处。

3. 在快捷菜单中，单击"行高"项。

4. 在"行高"对话框中，输入"57"。

5. 单击"确定"按钮完成设置。

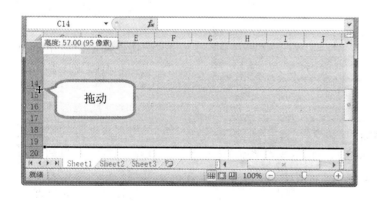

快捷设置行高

选中需要设置的行后，将鼠标置于选中行任意行号的下方，当鼠标呈"✢"形状时，向上拖动减小行距，向下拖动增大行距，同时出现目前行距大小的文字提示，如"高度：57.00(95 像素)"。

实例 6　制作家庭专用信签纸

»☞设置局部边框

考虑到书写整齐，信签纸在设计时都添加了横线，在 Excel 中可通过设置单元格的局部边框来实现。

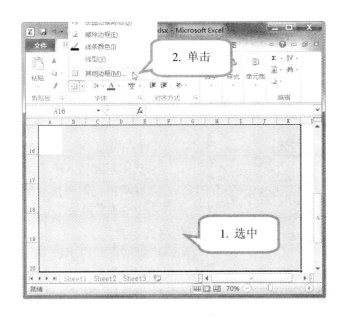

1. 选中 A16：K20 单元格。

2. 单击"开始"选项卡→"字体"组→"下框线"按钮右侧的箭头，在下拉菜单中，单击"其他边框"项。

3. 在"设置单元格格式"对话框的"边框"选项卡中，选中所需的线型。

4. 单击"颜色"栏下方的列表框，选中所需的颜色。

5. 单击"边框"栏→"中部边框"按钮，再单击"边框"栏→"下边框"按钮。

6. 单击"确定"按钮返回。

☞复制格式至单元格

一个表格中，往往有许多相同格式的单元格，此时可使用格式刷功能，将格式复制至不同的单元格中。

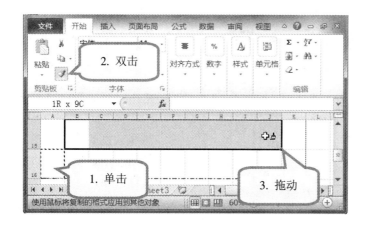

1. 单击 A16 单元格，此时 A16 单元格已设置好局部边框。

2. 双击"开始"选项卡→"剪贴板"组→"格式刷"按钮 ，需复制格式的单元格 A16 变为虚线边框，同时鼠标变为" "形状。

3. 拖动鼠标自 B15 至 J15 单元格后，松开鼠标，完成格式复制。

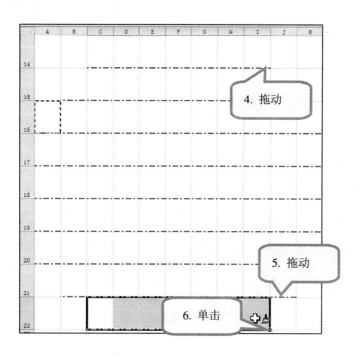

4. 拖动鼠标自 C14 至 I14 单元格。

5. 拖动鼠标自 B21 至 J21 单元格。

6. 拖动鼠标自 C22 至 I22 单元格。完成格式复制后，再次单击"格式刷"按钮 ，退出格式刷状态。

🔊 单击"格式刷"按钮 ，可完成一次格式复制。格式复制完成后，自动退出格式刷状态。

实例6 制作家庭专用信签纸

»☞插入艺术字

Excel 预设了许多艺术字样式，可根据需要选择。艺术字插入后，将按照图片对象对其进行设计，包括图片形状设计和艺术字样式设计等。

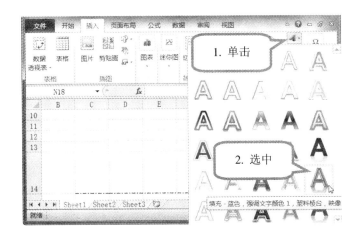

1. 单击"插入"选项卡→"文本"组→"艺术字"按钮。

2. 在下拉列表中，选中需要的艺术字样式，如"填-蓝色，强调文字颜色1，塑料棱台，映像"。

3. 在艺术字图片框中，输入"我爱我家"。

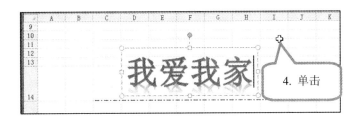

4. 单击空白处，退出艺术字设计状态。

»☞设置艺术字文本效果

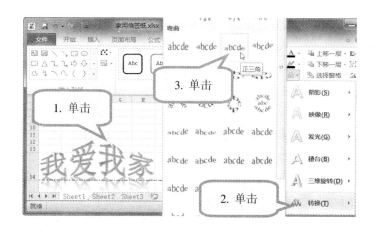

1. 单击艺术字形状边缘，当鼠标呈"◌"形状时，进入艺术字的编辑状态。

2. 在"绘图工具"功能区→"格式"选项卡→"艺术字样式"组中，单击"文字效果"按钮→"转换"项。

3. 在下拉菜单中，单击"弯曲"栏→"正三角"形状。

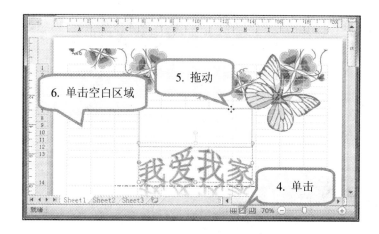

4. 单击"页面布局"视图。

5. 拖动鼠标，将艺术字调整至合适位置。

6. 单击空白区域退出艺术字编辑状态，并单击"普通"视图按钮返回。

实例 6　制作家庭专用信签纸

»☞插入剪贴画

Excel 可插入 Office 软件中自带的剪贴画，在电脑中无其他图片的情况下，可丰富文档内容。

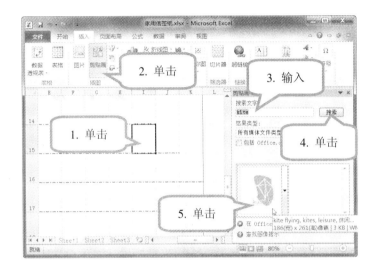

1. 单击需要插入剪贴画的单元格，如 I15。

2. 单击"插入"选项卡→"插图"组→"剪贴画"按钮，在文档右侧出现"剪贴画"任务窗格。

3. 在"搜索文字"框中，输入需要的图片名称，如"kite"。

4. 单击"剪贴画"任务窗格中的"搜索"按钮，在窗格下方出现与名称相符的图片。也可以不输入名称，直接搜索，此时则出现 Office 软件中自带的所有剪贴画。

5. 在剪贴画预览区域，单击所需图形，完成插入。

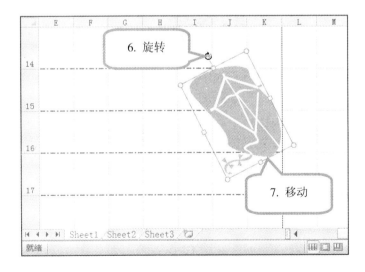

6. 将鼠标悬浮于剪贴画顶部的绿色圆圈处，使鼠标处于"↻"状态。拖动鼠标，向左旋转图片。

7. 使用方向键将图片移动至文档靠右的位置。

»☞ 设置剪贴画图片效果

Excel 提供了多种图片样式，在丰富页面元素的同时，也能使图片更加贴近主题。

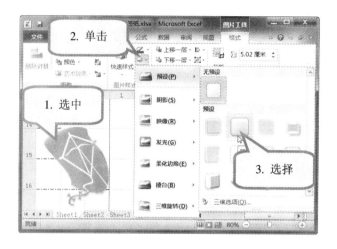

1. 单击剪贴画图片边缘，选中图片，并激活"图片工具"功能区→"格式"选项卡。

2. 在"图片工具"功能区→"格式"选项卡→"图片样式"组中，单击"图片效果"按钮。

3. 在下拉列表中，选择"预设"项→"预设"栏→"预设 2"。

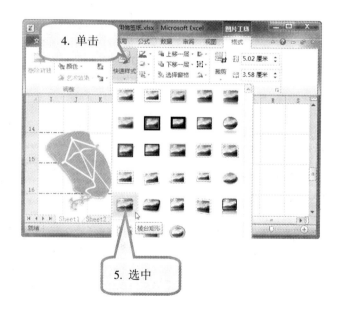

4. 在"图片工具"功能区→"格式"选项卡→"图片样式"组中，单击"快速样式"按钮。

5. 在下拉列表中，单击选中"棱台矩形"项。

实例6　制作家庭专用信签纸

»☞插入图片

除了插入 Office 提供的图片，Excel 文档中还可以插入个人电脑中的图片。

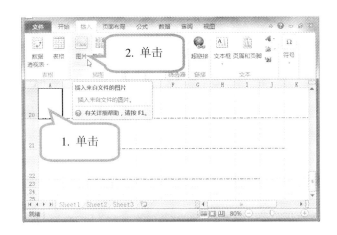

1. 单击需要插入图片的单元格，如 A20。

2. 在"插入"选项卡→"插图"组中，单击"图片"按钮。

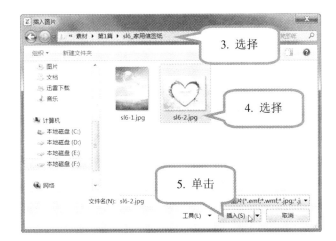

3. 在"插入图片"对话框中，选择图片所在的位置。

4. 在文件预览区域，选择所需的图片。

5. 单击"插入"按钮完成图片插入并返回工作表。

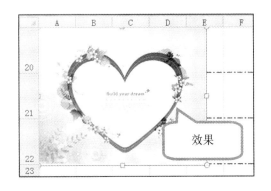

🔊 插入艺术字、剪贴画、图片后，会根据选定的单元格位置显示图片，因此图片本身和单元格之间并无联系。如果插入后发现位置不合适，也可以通过拖动鼠标来更换图片的位置。

☞ 删除图片背景

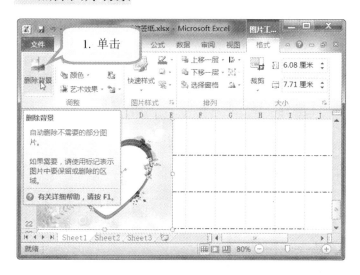

1. 在"图片工具"功能区→"格式"选项卡→"调整"组中，单击"删除背景"按钮。

2. 在"背景消除"选项卡→"优化"组中，单击"标记要删除的区域"按钮。

3. 在图片中需要删除背景的区域，拖动鼠标，其中红色区域为需删除的地方。

4. 如果有多处背景需要删除，则重复第3步的操作。

5. 在"背景消除"选项卡→"关闭"组中，单击"保留更改"按钮，完成背景删除。

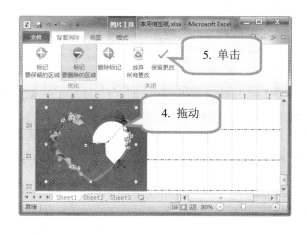

🔊 若图片在标记删除区域时发生了错误，可单击"背景消除"选项卡→"优化"组→"标记要保留的区域"按钮，更改误删除的区域。或者单击"关闭"组→"放弃所有更改"按钮，撤销背景消除动作。

实例 6　制作家庭专用信签纸

»☞ 创建 SmartArt 图形

SmartArt 图形可以为图片添加说明文本，从而快速、轻松、有效地传达信息，它包括多种图形布局，有流程、层次结构、循环或关系等。在 Excel 2010 中，可以直接将工作表中的图片创建为 SmartArt 图形。

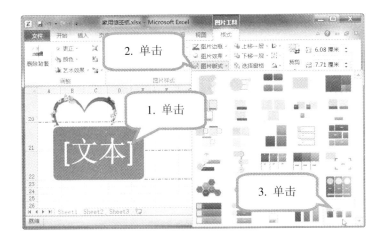

1. 单击图片边缘，激活"图片工具"功能区→"格式"选项卡。

2. 在"图片工具"功能区→"格式"选项卡→"图片样式"组中，单击"图片版式"按钮。

3. 在下拉列表中，单击"图片重点流程"项，选择 SmartArt 图形的布局，同时激活"SmartArt 工具"功能区→"设计"选项卡。

4. 在"SmartArt 工具"功能区→"设计"选项卡→"SmartArt 样式"组中，单击"更改颜色"按钮。

5. 在下拉列表中，单击"强调文字颜色 4"→"透明渐变范围-强调文字颜色 4"项。

»☞设置 SmartArt 图形效果

1. 单击文本框的文字位置，输入"幸福之家"文本。

2. 单击文本框边缘，在"开始"选项卡→"字体"组中，设置文本字体为"隶书"，字号为"28"号。

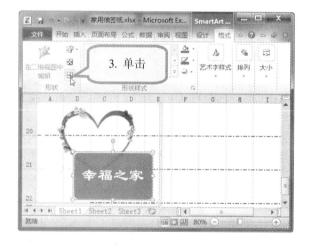

3. 在"SmartArt 工具"功能区→"格式"选项卡→"形状"组中，单击"减小"按钮，调整图片与文本框的大小至合适的比例。

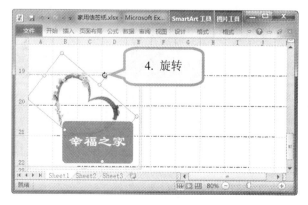

4. 单击图片，向右旋转其至合适位置。

实例 6　制作家庭专用信签纸

»☞插入文本框

Excel 提供了横排和垂直两种文本框,以确保能够满足用户对输入横向文字和纵向文字的不同需求。

1. 在"插入"选项卡→"文本"组中,单击"文本框"按钮→"横排文本框"项。

2. 当鼠标变为"↓"形状时,拖动鼠标自 A24 单元格至 K27 单元格。

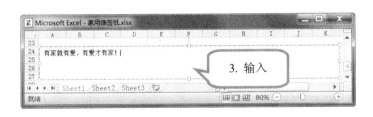

3. 单击文本框边缘,激活"绘图工具栏",使其处于编辑状态,输入"有家就有爱,有爱才有家!"。

设置文本框格式

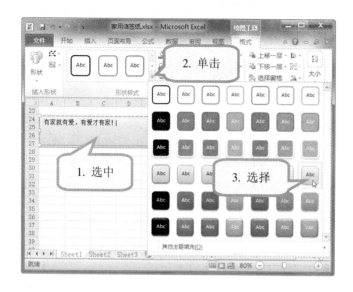

1. 单击文本框任意位置，选中文本框，并激活"绘图工具"功能区→"格式"选项卡。

2. 在"绘图工具"功能区→"格式"选项卡→"形状样式"组中，单击"快速样式"按钮下方的箭头。

3. 在下拉列表中，选择"细微效果-橙色，强调颜色6"项。

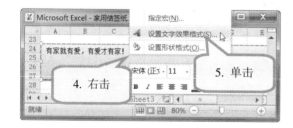

4. 右键单击文本框空白区域。

5. 在快捷菜单中，单击"设置文字效果格式"项。

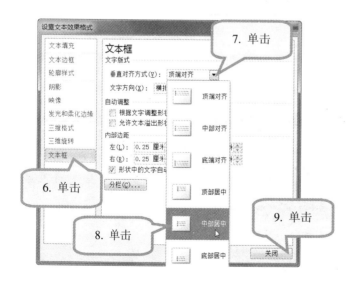

6. 在"设置文本效果格式"对话框中，单击"文本框"项。

7. 在"文字版式"栏中，单击"垂直对齐方式"旁边的列表框。

8. 单击"中部居中"项。

9. 单击"关闭"按钮返回。

»☞设置文本格式

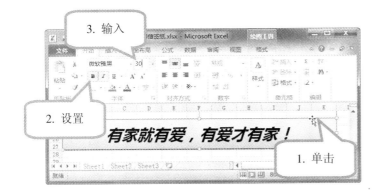

1. 单击文本框边缘，选中文本框。

2. 在"开始"选项卡→"字体"组中，单击"字体"列表框，选择"微软雅黑"，单击"加粗"、"倾斜"按钮和"居中"按钮。

3. 在"开始"选项卡→"字体"组中，单击"字号"列表框，输入"30"。

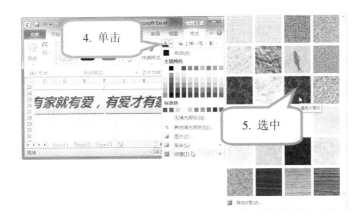

4. 在"绘图工具"功能区→"格式"选项卡→"艺术字样式"组中，单击"文本填充"按钮。

5. 在下拉列表中，选中"纹理"→"褐色大理石"项，设置文本颜色。

第 2 篇

Excel 2010 数据计算

Excel 2010 提供大量公式与函数，对工作表中的各种数据进行计算，本篇主要介绍函数与公式的基础知识，在表格中利用公式和函数计算数据，对数据进行排序、筛选和汇总数据以及 Excel 其他功能结合函数的应用。

本篇内容：
实例 7　制作家庭收支预算表
实例 8　制作儿童生长发育对照表
实例 9　制作社区常住人口信息表
实例 10　制作水电费缴费清单
实例 11　制作员工考勤情况统计表
实例 12　制作万年历
实例 13　制作贷款购车计算器

通过以上 7 个实例，将学会在 Excel 2010 中数据的统计与计算工作，包括：
1. 使用公式。
2. 定义单元格名称。
3. 引用单元格。
4. 使用函数及函数的高级应用。
5. 对数据应用条件格式。
6. 插入和打印批注等。

实例 7 制作家庭收支预算表

☞ **学习情境**

家庭收支预算表是对家庭未来一定时期内收入和支出的计划。编制家庭收支预算表是家庭经济管理的一个重要组成部分。

小张准备从今年年初开始，制作家庭收支预算表，包括工资收入、奖金收入、生活开支、交通与通信开支、孩子花销等项目，以便合理规划收入，统筹安排开支。

☞ **编排效果**

1-6月家庭收支预算

日期	收入			开支				统计
上半年	工资	奖金	收入总和	生活开支	交通通信	孩子花销	开支总和	每月结余
一月	¥ 3,000	¥ -	¥ 3,000	¥ 500	¥ 200	¥ 600	¥ 1,300	¥ 1,700
二月	¥ 3,000	¥ -	¥ 3,000	¥ 500	¥ 200	¥ 600	¥ 1,300	¥ 1,700
三月	¥ 3,000	¥ -	¥ 3,000	¥ 500	¥ 200	¥ 600	¥ 1,300	¥ 1,700
四月	¥ 3,000	¥ -	¥ 3,000	¥ 500	¥ 200	¥ 600	¥ 1,300	¥ 1,700
五月	¥ 3,000	¥ -	¥ 3,000	¥ 500	¥ 200	¥ 600	¥ 1,300	¥ 1,700
六月	¥ 3,000	¥ -	¥ 3,000	¥ 500	¥ 200	¥ 600	¥ 1,300	¥ 1,700
收支总计	¥ 18,000	¥ -	¥ 18,000	¥ 3,000	¥ 1,200	¥ 3,600	¥ 7,800	¥ 10,200

☞ **掌握技能**

通过本实例，将学会以下技能：
- 自动求和。
- 输入公式。
- 引用单元格。
- 定义单元格名称。
- 复制公式的计算结果。
- 在局部表格中套用表格格式。

实例 7　制作家庭收支预算表

»☞设置表格框架

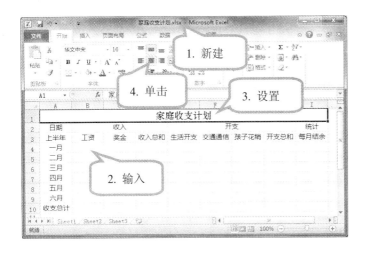

1. 新建 Excel 工作簿，将其重命名为"家庭收支计划"。

2. 按照实例要求输入文本。

3. 单击 A1 单元格，设置字体为"华文中宋"，字号为"16"。

4. 单击"居中"按钮，选中 A2:I10 单元格，设置字体为"微软雅黑"，字号为"11"。

5. 选中 B4:I10 单元格。

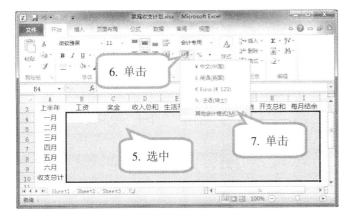

6. 在"开始"选项卡→"数字"组中，单击"会计数字格式"按钮右侧的箭头。

7. 在下拉列表中，单击"其他会计格式"命令。

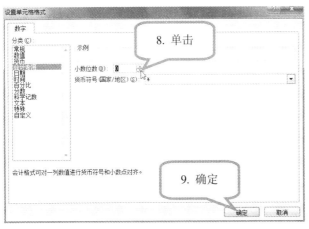

8. 在"设置单元格格式"对话框中，单击"小数位数"右侧的箭头，调整小数位数为"0"。

9. 单击"确定"按钮完成设置。

自动求和

Excel 提供了自动求和功能，能够方便、快捷地对数值进行运算，包括求和、平均值、计数、最大值、最小值等。

1. 为表格输入数据，其中列C输入"0"，按"Enter"键后将显示"¥-"。

2. 单击 D4 单元格。

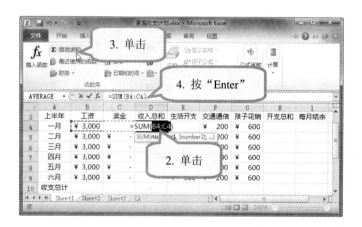

3. 在"公式"选项卡→"函数库"组中，单击"自动求和"按钮。此时，D4 单元格内自动出现公式"=SUM(B4:C4)"，公式左侧虚线为求和范围，表示对 B4 至 C4 单元格的数据进行求和运算。

4. 按"Enter"键完成计算。计算结果如左图所示。

实例 7　制作家庭收支预算表

»☞ 修改求和范围

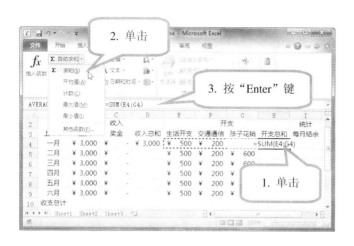

1. 单击 H4 单元格。

2. 单击"自动求和"按钮的下拉箭头，在下拉列表中单击"求和"项。

3. 按"Enter"键确定输入。

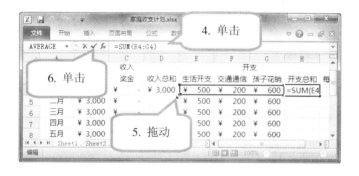

4. 单击编辑栏，进入公式编辑状态，同时表格中出现数值计算范围的虚线框。

5. 将鼠标悬浮于虚线框左下方，当鼠标为斜向双向箭头形状时，拖动蓝色边框至 E4 单元格。

6. 单击编辑栏中的"输入"按钮✔完成计算，并退出编辑状态。

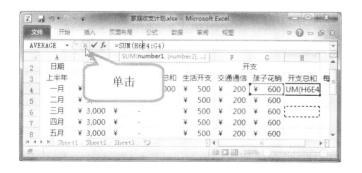

公式编辑状态

单击包含公式的编辑框后，进入公式编辑状态，如果在计算时数值或公式引用不当，可单击编辑栏的"取消"按钮✘撤销当前操作。

87

»☞输入公式

在 Excel 中，常用输入公式的方法计算数值，该公式由等于号"="、操作数和运算符组成，其中操作数即被引用的单元格中的数据，在公式中表现为单元格的名称。

本例中，每月结余的金额为每月收入总和减去每月开支总和，需对两个单元格的数值进行减法运算。

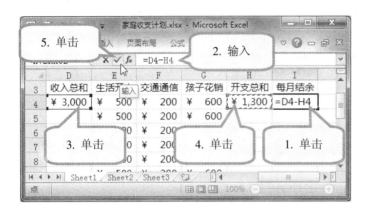

1. 单击 I4 单元格。
2. 输入"="号，进入公式编辑状态。
3. 单击 D4 单元格，输入"-"号。
4. 继续单击 H4 单元格。
5. 单击"输入"按钮 ✓ 完成计算。

Excel 运算符

Excel 包含四种类型运算符，分别为算术运算符、比较运算符、文本运算符和引用运算符。

按每个运算符的特定顺序从左到右计算公式。若公式中包含多个运算符，则遵守运算符的优先级顺序来计算。

Excel 运算符的优先级顺序如左图所示，此顺序由高到低排列，优先级高的运算符先参与运算。

优先级	运算符类别	运算符名称
1	引用运算符	冒号(:)、空格( )、逗号(,)
2	算术运算符	负号(-)
3		百分比(%)
4		乘方(^)
5		乘(*)、除(/)
6		加(+)、减(-)
7	文本运算符	与(&)
8	比较运算符	等于(=)、大于(>)、小于(<)、大于等于(>=)、小于等于(<=)、不等于(<>)

»☞复制公式

复制公式至其他单元格可保持函数原型不变，以及单元格的相对引用。复制方式种类较多，包括直接复制法、句柄填充法和选择性粘贴法等。以下为直接复制法。

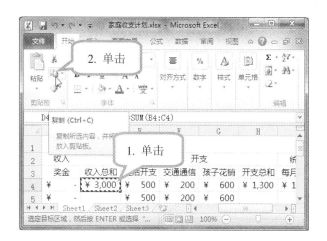

1. 单击 D4 单元格。

2. 在"开始"选项卡→"剪贴板"组中，单击"复制"按钮。

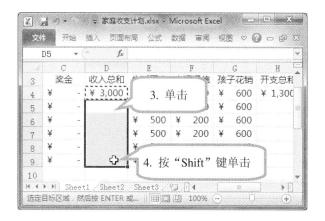

3. 单击 D5 单元格。

4. 按下"Shift"键的同时，单击 D9 单元格。

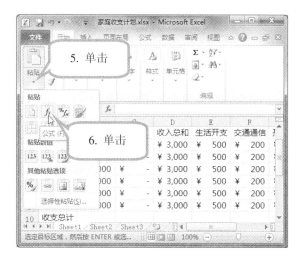

5. 单击"粘贴"按钮下方的箭头。

6. 在下拉列表中，单击"公式"项，完成复制。

单元格的相对引用

下面使用句柄填充法复制 H4 单元格的公式至 H5:H9 单元格。

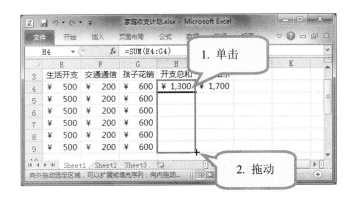

1. 单击 H4 单元格。

2. 将鼠标置于 H4 单元格右下方的填充柄处，当鼠标呈"＋"形状时，拖动鼠标至 H9 单元格，完成公式复制。

3. 双击 H4 单元格，观察到公式的求和范围变更为 E4:G4 单元格。

4. 双击 H5 单元格，观察到公式的求和范围变更为 E5:G5 单元格。与 H4 单元格相比，求值范围发生了相对变化。

公式被复制后，求值范围会随着公式所在单元格的不同而发生相对变化，称这种变化为单元格的相对引用。

»☞ 定义单元格名称

当表格数据量比较大时,再使用类似"A1"的单元格命名方式,极容易造成混淆。此时,可为单元格定义容易区分的名称,来实现快速定位。

1. 单击 D4 单元格。

2. 在"公式"选项卡→"定义的名称"组中,单击"定义名称"按钮。

3. 在弹出的"新建名称"对话框的"名称"栏输入"一月收入总和"。

4. 单击"确定"按钮完成名称定义并返回工作表。

5. 单击 H4 单元格。

6. 在"名称框"中直接输入新名称"一月开支总和"。

🏃 快速定位单元格

单元格名称定义完成后,可使用定位功能,快速选中单元格。步骤为:按组合键"Ctrl+G",弹出"定位"对话框,在"定位"栏单击需要选中的单元格名称,再单击"确定"按钮即可定位到该单元格。

管理单元格名称

单元格的名称创建完成后，如果需要对名称进行编辑和删除操作，可以使用名称管理器进行管理，同时也可以使用该管理器进行名称的新建。

1. 在"公式"选项卡→"定义的名称"组中，单击"名称管理器"按钮。

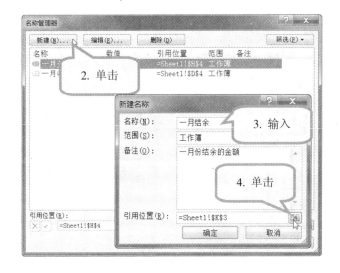

2. 在"名称管理器"对话框中，单击"新建"按钮。

3. 在"新建名称"对话框中，输入名称"一月结余"，也可以添加备注"一月份结余的金额"。

4. 单击"引用位置"右侧的按钮，选取需要定义名称的单元格。此时"新建名称"对话框缩小，并更名为"新建名称-引用位置"对话框。

5. 单击I4单元格，此时"新建名称-引用位置"对话框的引用位置变更为"=Sheet1!$I$4"。

6. 再次单击"引用位置"右侧的按钮，返回"新建名称"对话框，单击"确定"按钮后，完成对I4单元格的命名。

»☞在公式中使用单元格名称

将定义好的单元格名称应用至公式中，能够增强公式的可读性。

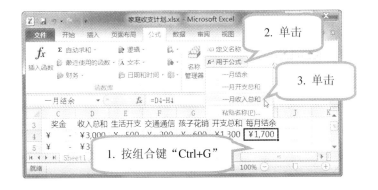

1. 按组合键"Ctrl+G"，快速定位至"一月结余"单元格。

2. 在"公式"选项卡→"定义的名称"组中，单击"用于公式"按钮。

3. 在下拉列表中，单击"一月收入总和"项，将自动在"一月结余"单元格中添加公式"=一月收入总和"。

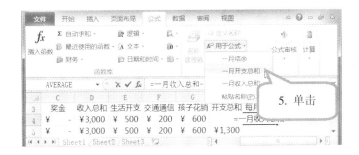

4. 单击编辑框，进入公式编辑状态，输入减号"-"。

5. 单击"用于公式"按钮，在下拉列表中，单击"一月开支总和"项，则在公式中引用"一月开支总和"单元格。

6. 单击编辑栏的"输入"按钮确定修改，则公式变更为"一月结余=一月收入总和－一月开支总和"。

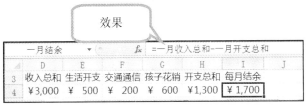

🔊 使用该方法创建的公式具有唯一性，若将该公式复制至其他单元格，其求值范围不会更改，属于绝对引用。

»☞复制计算结果

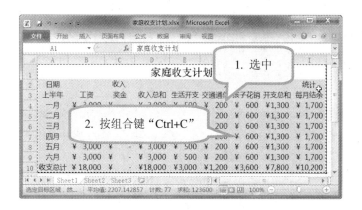

1. 将表格内容填充完整后，选中A1:I10单元格。

2. 按组合键"Ctrl+C"复制选中的内容。

3. 单击"Sheet2"工作表标签。

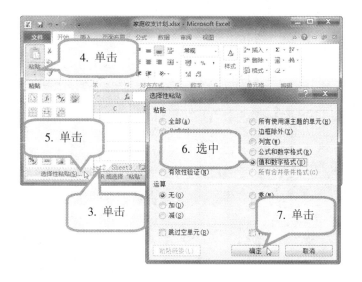

4. 在"开始"选项卡→"剪贴板"组中，单击"粘贴"按钮。

5. 在下拉菜单中，单击"选择性粘贴"项。

6. 在"选择性粘贴"对话框中，选中"值和数字格式"项。

7. 单击"确定"按钮。

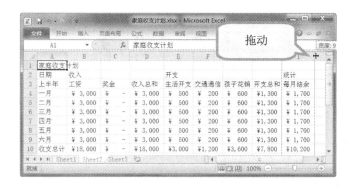

🔊 当某单元格数值为"####"时，说明列宽过窄，无法完整显示单元格的内容，可通过调整列宽来显示正确的内容。方法为：将鼠标置于需要调整列宽的列号右侧，当鼠标呈图示形状时，向右拖动鼠标，即可增大列宽。

☞ 局部表格套用格式

根据选中区域的不同，可为不同区域套用表格样式，以丰富表格色彩，突出视觉感。

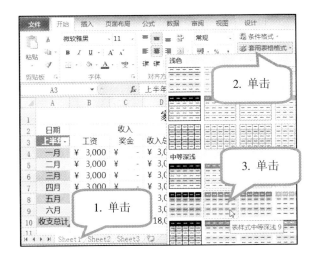

1. 单击"Sheet1"工作表标签，选中 A3:A10 单元格。

2. 单击"开始"选项卡→"样式"组→"套用表格格式"按钮。

3. 在下拉列表中，单击"表样式中等深浅9"。

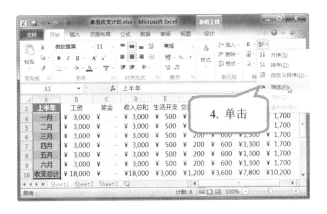

4. 单击"开始"选项卡→"编辑"组→"排序和筛选"按钮，在下拉菜单中，单击"筛选"项，取消筛选状态。

5. 选中单元格 B3:D10，重复步骤 1～4，设置表格样式为"表样式中等深浅 11"。

6. 选中单元格 E3:H10，重复步骤 1～4，设置表格样式为"表样式中等深浅 10"。

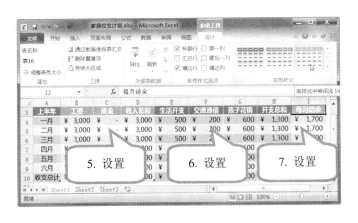

7. 选中单元格 I3:I10，重复步骤 1～4，设置表格样式为"表样式中等深浅 14"。

»☞填充单元格颜色

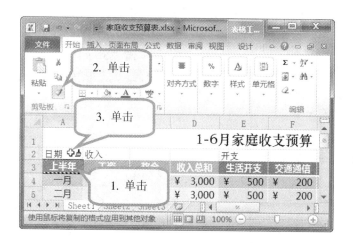

1. 单击 A3 单元格。

2. 单击"开始"选项卡→"剪贴板"组→"格式刷"按钮。

3. 当鼠标呈"✥"形状时，单击 A2 单元格，应用格式。

4. 单击 B3 单元格，应用格式刷，自 B2 拖动至 D2 单元格，应用格式。

5. 单击 E3 单元格，应用格式刷，自 E2 拖动至 H2 单元格，应用格式。

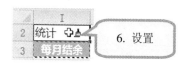

6. 单击 I3 单元格，应用格式刷，在 I2 单元格中应用格式。

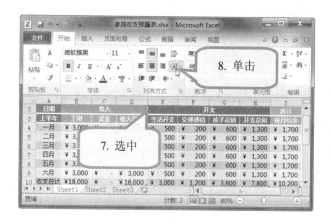

7. 按住"Ctrl"键，选中 B2:D2 和 E2:H2 单元格。

8. 单击"开始"选项卡→"对齐方式"组→"合并单元格"按钮。

实例 8　制作儿童生长发育对照表

☞ **学习情境**

孩子的体重、身高一般随年龄的增长而增加，但也不是一个呈直线上升的过程，而是有一定规律的。定期为孩子量身高和体重，并将每次结果与同等年龄的参考值进行对照，能够实时地掌握孩子的生长发育情况，及时为孩子调整养育方法。

小张决定使用 Excel 为自己半岁的宝宝制作出生至今的体重对照表，通过与标准体重的参考值的对比，计算出宝宝每月体重的增长值、增长率，半年来总的增长值与增长率，并制作评估等级来评价孩子的生长发育情况。

☞ **编排效果**

0-6个月男童体重表

年龄	对照（kg）		月发育情况		
	标准体重	宝宝体重	增长值	增长率	评估等级
初生	3.3	3.7	0.0	0.0%	中+
1月	4.3	5.8	2.1	56.8%	中+
2月	5.2	6.0	0.2	3.4%	中+
3月	6.0	6.5	0.5	8.3%	中+
4月	6.7	6.7	0.2	3.1%	中-
5月	7.3	7.3	0.6	9.0%	中-
6月	7.8	8.6	1.3	17.8%	中+
半年总增长			4.9	132.4%	中+
半年平均增长			0.8	16.4%	

评估等级说明：
中+：宝宝体重大于标准体重
中-：宝宝体重小于等于标准体重

☞ **掌握技能**

通过本实例，将学会以下技能：
- 套用单元格样式。
- 插入算术运算公式。
- 输入多级运算公式。
- 插入条件判断函数。
- 插入与打印批注。

»☞录入数据

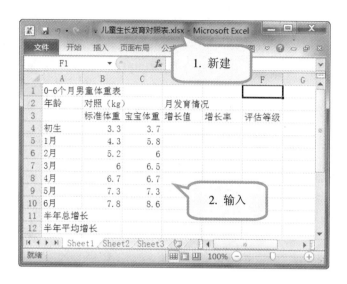

1. 新建名为"儿童生长发育对照表"的 Excel 工作簿。

2. 按照实例要求输入文本。

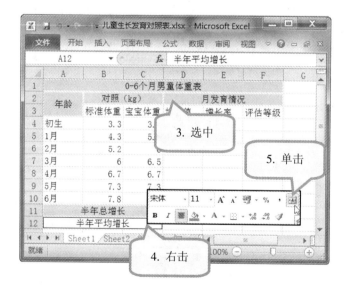

3. 按下"Ctrl"键,分别选中 A1:F1、A2:A3、B2:C2、D2:F2、A11:C11 和 A12:C12 单元格。

4. 右键单击选中区域,打开格式设置悬浮框。

5. 单击"合并后居中"按钮,完成单元格的合并。

实例 8　制作儿童生长发育对照表

»☞套用单元格样式

Excel 2010 为单元格提供了一些预设样式，用户可根据需要便捷地设置单元格格式。

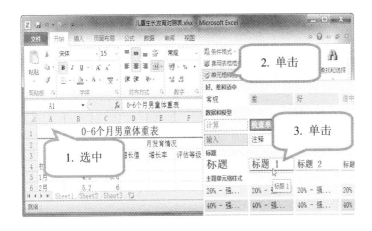

1. 选中 A1 单元格。

2. 单击"开始"选项卡→"样式"组→"单元格样式"按钮。

3. 在下拉列表中，单击"标题 1"样式。

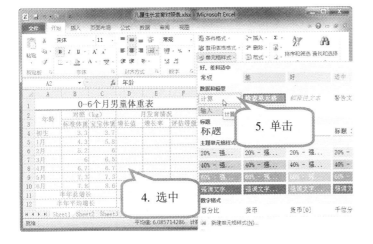

4. 选中 A2:F12 单元格。

5. 单击"开始"选项卡→"样式"组→"单元格样式"按钮→"计算"样式。

插入减法运算公式

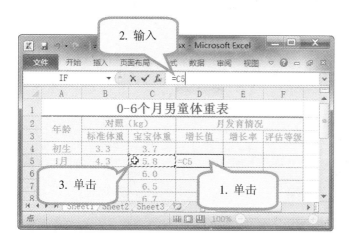

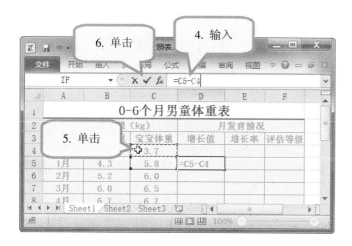

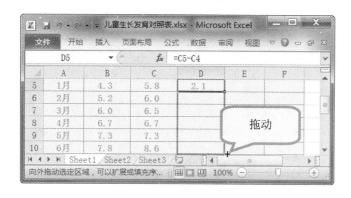

1. 单击 D5 单元格。

2. 在编辑栏内输入"="号。

3. 单击 C5 单元格,引用单元格的数据。

4. 在编辑栏内"C5"后面,输入"-"号。

5. 单击 C4 单元格,引用单元格的数据。

6. 单击"输入"按钮,完成减法运算。

用句柄填充公式

复制公式可以使用句柄填充,此方式运用范围较广,但需要满足以下两个条件:

1. 需要计算的数据在同一列或同一行的连续区域内。

2. 需要插入的公式与需要计算的数据在同一方向上。

使用方法:单击 D5 单元格,将鼠标置于单元格右下角的填充柄,当鼠标呈"+"形状时,向下拖动拉至 D10,释放鼠标,完成复制。

»☞插入求和函数

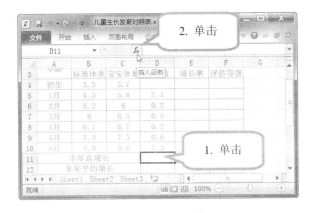

1. 单击 D11 单元格。

2. 单击编辑栏的"插入函数"按钮 f_x，打开"插入函数"对话框。

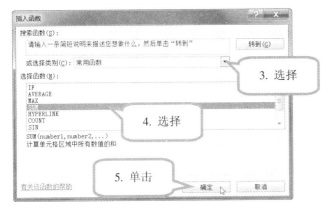

3. 单击"或选择类别"栏右侧的箭头，在下拉列表中，选择"常用函数"项。Excel 默认情况下，选中的就是"常用函数"。

4. 在"选择函数"栏中，选择"SUM"函数。

5. 单击"确定"按钮，打开"函数参数"对话框。

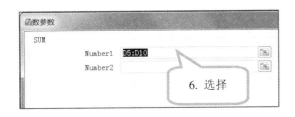

6. 在"Number1"参数设置栏中，选择求和范围"D5:D10"。单击"确定"按钮返回工作表。

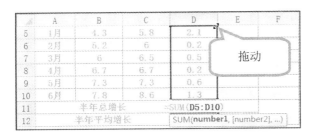

🔊 SUM 函数可将其周围单元格的数值自动引用，如果需要修改自动引用的区域，可单击函数所在位置，当引用数据被蓝色框标明时，可拖动鼠标，更改需计算的数据区域。

» ☞ 自动求平均值

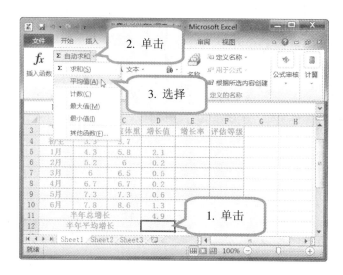

1. 单击 D12 单元格。

2. 单击"公式"选项卡→"函数库"组→"自动求和"按钮右侧的下拉箭头。

3. 在下拉列表中,选择"平均值"项,按"Enter"键完成公式的插入。

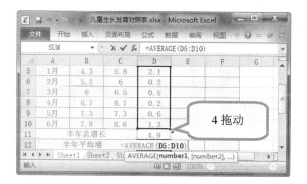

4. 观察得知,D12 单元格内自动出现的求值范围与实际需要不符。将鼠标置于 D11 单元格的右下方,当鼠标呈"✥"形状时,拖动其至合适的位置。

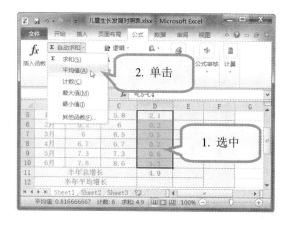

🔊 也可以先选中自动求平均值的数据区域,再插入求值函数。

1. 选中 D5:D10 单元格。

2. 单击"公式"选项卡→"函数库"组→"自动求和"按钮→"平均值"项。此时结果将自动出现在下方的空白单元格内。

»☞插入除法运算公式

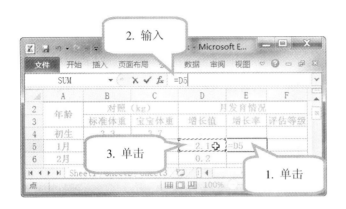

1. 单击 E5 单元格。

2. 输入 "=" 号,进入公式编辑状态。

3. 单击 D5 单元格,引用单元格的数据。

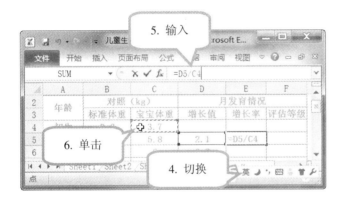

4. 切换输入法为英文状态。

5. 在编辑栏中输入 "/" 号。

6. 单击 C4 单元格,引用单元格的数据。

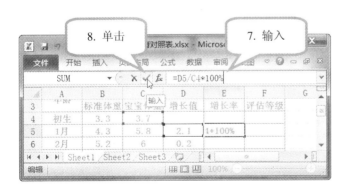

7. 输入 "*100%"。

8. 单击 "输入" 按钮 ✓ 完成计算。

»☞ 修改公式

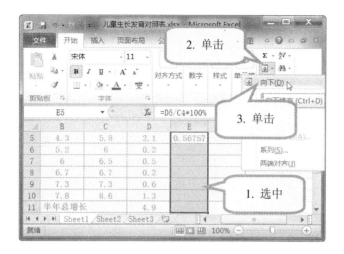

1. 选中 E5:E11 单元格。

2. 单击"开始"选项卡→"编辑"组→"填充"按钮。

3. 在下拉菜单中，单击"向下"项，将按照选中区域首个单元格的内容向下填充。也可以使用组合键"Ctrl+D"实现该功能。

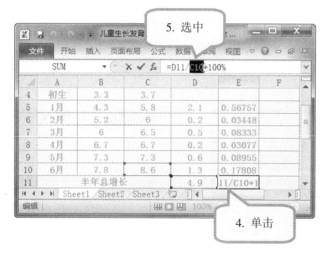

4. 单击 E11 单元格，观察可以看出该公式的数值不正确，需要对公式进行修改。

5. 选中编辑栏公式中的"C10"。

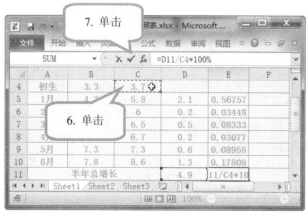

6. 单击 C4 单元格，引用单元格的数据。

7. 单击"输入"按钮 ✓ 完成修改。

»☞设置小数数值格式

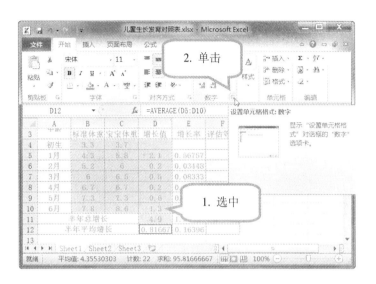

1. 选中 B4:C10 和 D4:D12 单元格。

2. 单击"开始"选项卡→"数字"组右侧的"功能扩展"按钮，打开"设置单元格格式"对话框。

3. 在"数字"选项卡的"分类"下拉列表中，单击"数值"项。

4. 单击或输入小数位数的值，如"1"位。

5. 单击"确定"按钮完成设置。

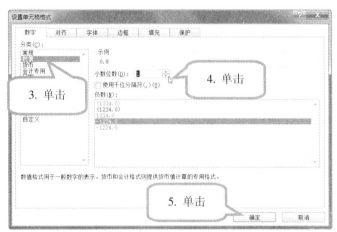

6. 在 D4 单元格中，输入"0"，根据单元格格式的设置，此时保留 1 位小数，因此数据将自动生成设定格式。

»☞ 设置百分比数值格式

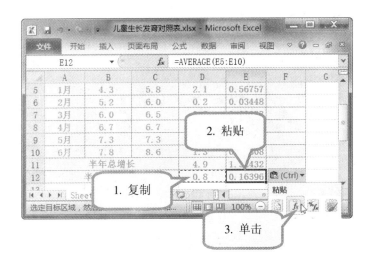

1. 单击 D12 单元格，按组合键"Ctrl+C"复制单元格内容。

2. 单击 E12 单元格，按组合键"Ctrl+V"粘贴单元格内容。

3. 单击"粘贴选项"按钮→"公式"项，将不再包含单元格格式，仅插入公式。

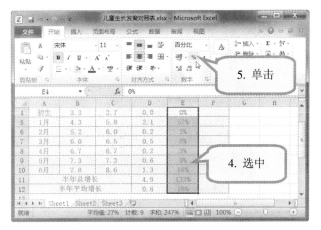

4. 选中 E4:E12 单元格。

5. 在"开始"选项卡→"数字"组中，单击百分比按钮 %，将单元格数据设置成百分数的效果。

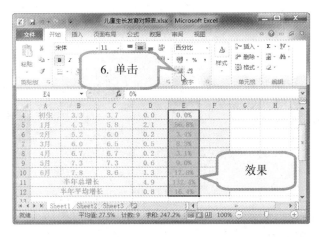

6. 单击增加小数位数按钮 ，将单元格数据增加 1 位小数位数。

»☞ 插入 IF 函数

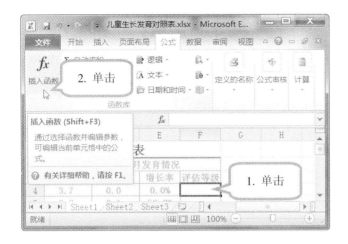

1. 单击 F4 单元格。

2. 在"公式"选项卡→"函数库"组中，单击"插入函数"按钮，打开"插入函数"对话框。

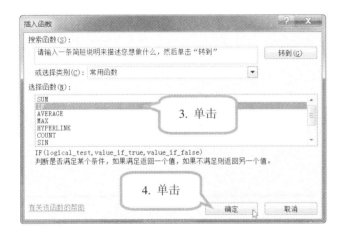

3. 单击"选择函数"列表区的"IF"函数。

4. 单击"确定"按钮，进入"函数参数"设置页面。

5. 单击"Logical_test"参数右侧的编辑框，在工作表中单击单元格 C4，引用单元格数据，返回"函数参数"对话框，接着输入">"号，再次在工作表中单击单元格 B4，引用单元格数据。

6. 单击"Value_if_true"参数右侧的编辑框，输入"中+"。

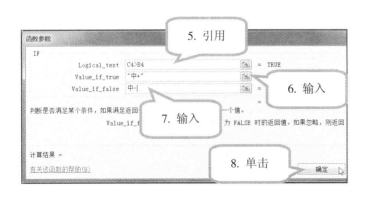

7. 单击"Value_if_false"参数右侧的编辑框，输入"中-"。

8. 单击"确定"按钮完成计算。

»☞快速复制函数

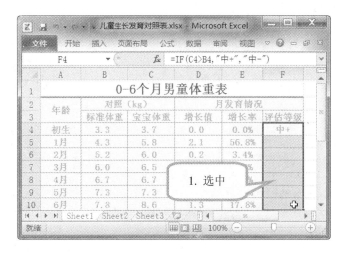

1. 选中 F4:F10 单元格。

2. 单击编辑栏任意位置，激活选中区域的首行公式。

3. 按组合键"Ctrl+Enter"完成快速填充。

🏃 Excel 快捷键

Excel 2010 提供了许多类别的快捷键，一般由单独按键、按键顺序或按键组合构成，很多快捷键往往与"Ctrl"键、"Shift"键、"Alt"键配合使用，以快速、便捷地完成某些特定功能。例如：

"Alt+Enter"：强制换行。

"Ctrl+Enter"：用当前输入项填充选定的单元格区域。

"Alt+Shift+F1"：插入新工作表。

"Ctrl+Shif+方向键"：将单元格的选定范围扩展到与活动单元格同列或同行中的最后一个非空单元格。

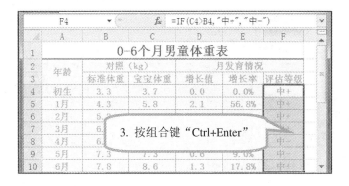

»☞输入多级运算公式

在对函数的参数进行设置时，单级运算公式往往不能满足运算的需要，此时会输入更复杂的公式或函数，以确保运算的准确性。

通常将包含两个及两个以上运算符的公式称为多级运算公式，按运算符优先级的高低从左至右运算。

1. 单击 F12 单元格。

2. 单击"公式"选项卡→"函数库"组→"IF"函数，打开"函数参数"对话框。

3. 单击"Logical_test"参数右侧的"选择单元格"按钮，激活编辑栏。

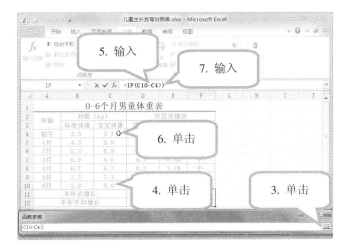

4. 单击 C10 单元格。

5. 在编辑栏中输入"-"号。

6. 单击 C4 单元格。

7. 在编辑栏中输入">"号。

8. 继续单击 B10 单元格，在编辑栏中输入"-"号，再单击 B4 单元格，并分别在"Value_if_true"参数和"Value_if_false"参数处输入"中+"和"中-"。

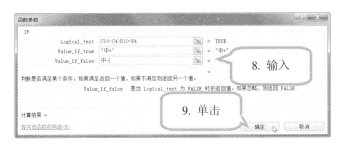

9. 单击"确定"按钮完成设置。

☞ 插入批注

在 Excel 中，可通过插入批注来对单元格添加注释。

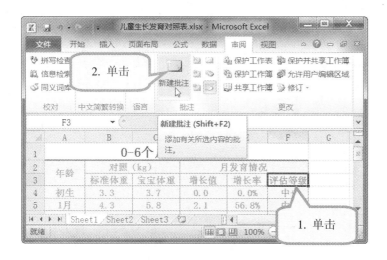

1. 单击 F3 单元格。

2. 单击"审阅"选项卡→"批注"组→"新建批注"按钮，此时在 F3 单元格的右侧出现批注文本框，并自动显示本机用户名。

3. 如果不需要该用户名，则选中或删除。

4. 输入批注内容，如"评估等级说明：中+：宝宝体重大于标准体重"和"中-：宝宝体重小于等于标准体重"。单击批注以外的区域完成输入。

5. 将鼠标悬浮于插入批注的单元格，即可查看批注。

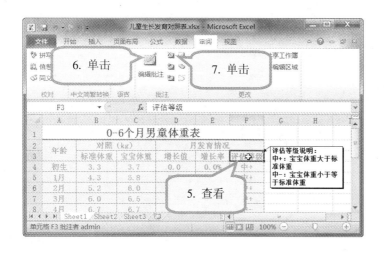

6. 如需更改批注内容，可先选中插入批注的单元格，再单击"编辑批注"按钮。

7. 如需删除批注，可先选中插入批注的单元格，再单击"删除批注"按钮。

实例8 制作儿童生长发育对照表

»☞打印批注

打印批注有两种方式：一种在工作表的末尾插入批注文字，此时不管批注是否显示，都可以打印；另外一种则需要将批注取消隐藏状态，按工作表显示的样式打印。

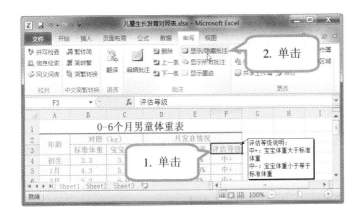

1. 单击 F3 单元格。

2. 单击"批注"组→"显示/隐藏批注"按钮。

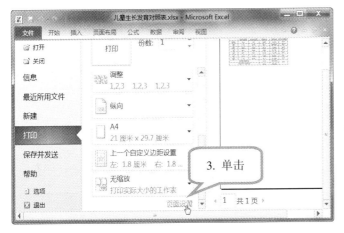

3. 单击"文件"选项卡→"打印"组→"页面设置"项。

4. 在打开的"页面设置"对话框中，选择"工作表"选项卡。

5. 在"打印"栏中，单击"批注"右侧的列表框按钮，选中"如同工作表中的显示"。

6. 单击"确定"按钮完成设置，并返回打印预览界面。

实例 9　制作社区常住人口信息表

☞ **学习情境**

重阳节就要到了，祥和小区准备组织本社区内所有退休的老人参加重阳节登高活动，目前需要统计本社区退休人数，以及退休人员的基本信息。

因此，社区办事处要求秘书小李根据现有人员信息，制作本社区的常住人口信息表，主要内容包括：姓名、身份证号、性别、出生年月、年龄、在岗情况，并使用特殊格式标明已退休人员，以方便查看和筛选。最后还需要统计出本社区可参加重阳节活动的人数。

☞ **编排效果**

姓名	身份证号	性别	出生年月	年龄	在岗情况
张美丽	410909195601011520	女	1956-1-1	58	退休
王华	410909198402011532	男	1984-2-1	30	在岗
赵洪	410909197703011558	男	1977-3-1	37	在岗
王达	410909195204011133x	男	1952-4-1	62	退休
李小丽	410909199205011132x	女	1992-5-1	21	学生
方芳	410909196506011134x	女	1965-6-1	48	在岗

本社区重阳节参加活动人数为：　　2

☞ **掌握技能**

通过本实例，将学会以下技能：
- 导入 TXT 文本数据。
- 插入多列或多行。
- 隐藏列和取消隐藏。
- 插入实用函数。
- 设置函数的参数及条件格式。

»☞导入 TXT 文本数据

为 Excel 文档添加数据，除了使用键盘录入之外，还可以通过后缀名为".txt"的文本文档导入。

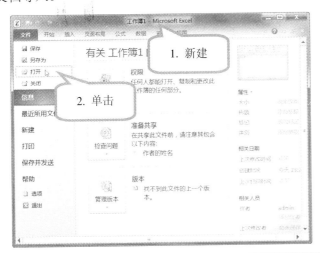

1. 启动 Excel 程序，自动新建名为"工作簿 1"的文档。

2. 单击"文件"选项卡→"打开"命令。

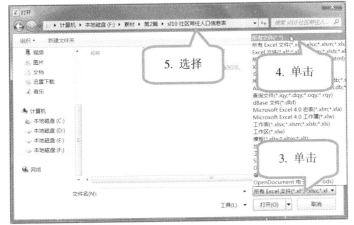

3. 在"打开"对话框中，单击"文件类型"按钮。

4. 在下拉列表中，单击"所有文件"项。

5. 选择文本文档所在的位置。

6. 在文件预览区域，单击文件名称。

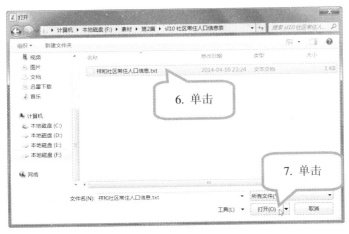

7. 单击"打开"按钮，弹出"文本导入向导"对话框。

🔊 在向导中，可根据文本文档中数据的特征，自动为数据分列，以适应 Excel 文档的排版特征。

»☞ 文本导入向导

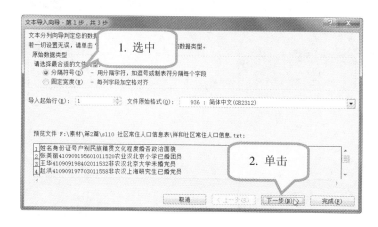

1. 在"文本导入向导-第 1 步，共 3 步"对话框的"请选择最合适的文件类型"项下选中"分隔符号"项。

   🔊 此项需根据文本文的数据类型来选择。若数据中存在类似空格、逗号或制表符的，可选"分隔符号"项，自动调整列宽；若数据中无明显分隔符特征的，可选"固定宽度"项，手动定义列宽。

2. 单击"下一步"按钮打开"文本导入向导-第 2 步，共 3 步"对话框。

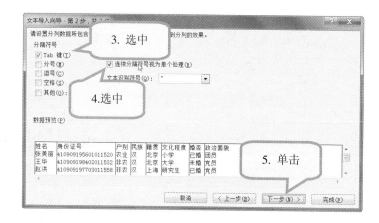

3. 根据文档中分隔符的类型，选中分隔符号，如"Tab 键"。

4. 选中"连续分隔符号视为单个处理"复选框。

5. 单击"下一步"按钮打开"文本导入向导-第 3 步，共 3 步"对话框。

6. 单击"数据预览"区域→"身份证号"列。

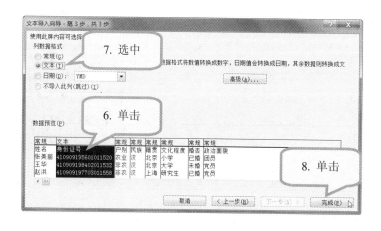

7. 选中"列数据格式"→"文本"项。

8. 单击"完成"按钮返回 Excel 文档。

实例 9　制作社区常住人口信息表

»☞变更文档类型

文本文档数据导入后，仅仅是使用 Excel 程序打开了 TXT 文档，还需要将该文档另存为 Excel 文档，数据才最终导入成功。

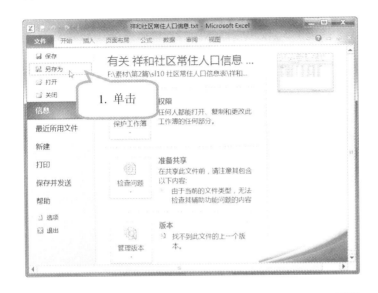

1. 单击"文件"选项卡→"另存为"命令，打开"另存为"对话框。

2. 在文件地址栏中，选择文档另存的路径。

3. 单击"保存类型"项。

4. 在下拉列表中，选中"Excel 工作簿"项。此时，文件名称不变，而文件后缀名称由".txt"变为".xlsx"。

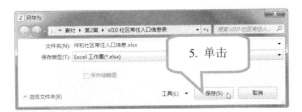

5. 单击"保存"按钮，完成文档的转存。

☞一次性插入多列或多行

制作 Excel 文档时，除了插入单列或单行，有时还需要插入多列或多行，此时如果一行一列地插入，过程难免繁琐，因此下面介绍一种可以一次性完成多列或多行插入的操作。

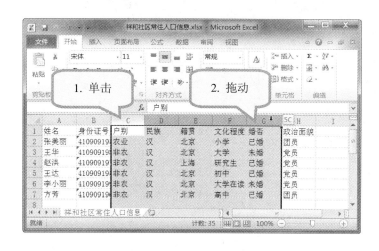

1. 单击需要在其前方插入列的列号，如 C 列。

2. 自 C 列拖动鼠标至 G 列，此时在选中区域的右侧出现文字标签"5C"，表示选中了 5 列。

3. 单击"开始"选项卡→"单元格"组→"插入"按钮，一次性地插入 5 列。

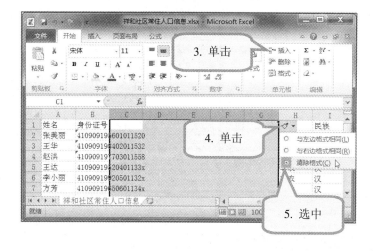

4. 单击插入列右侧的"格式刷"按钮。

5. 在下拉列表中，选中"清除格式"项，为插入列清除格式。

长数值格式

Excel 支持的数值格式为 15 位，当超过 15 位时，默认将其格式转换为科学计数法，同时将超出的位强制转换为 0。因此，在录入此类数据前，需先将单元格设置为文本格式，如身份证号等。

»☞ 隐藏列

表格设计完成后，有时会有许多用不到的行或列，干扰对数据的查看或操作。此时，可以选择将其隐藏，当需要使用时再取消隐藏。

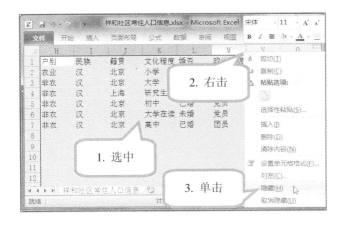

1. 选中不再需要查看的列，如列 H 至列 M。

2. 右键单击选中列号的任意位置。

3. 在快捷菜单中，单击"隐藏"项隐藏选中的列。此时，列 G 和列 N 之间存在一条黑线，标志两列之间有列隐藏。

取消隐藏

列号是否连续标志着两列中是否有列隐藏。

取消隐藏的步骤如下：

1. 选中列号不连续的两列。
2. 右键单击选中的列号位置。
3. 在快捷菜单中，单击"取消隐藏"项，恢复隐藏的列。

»☞插入取值函数

Excel 根据功能不同对函数进行了分类,包括财务类、逻辑类、文本类、日期和时间类、查找和引用类等。

我国公民的身份证号包含很多信息,从中可以提取籍贯、出生日期和性别信息。一般身份证号为 15 位或 18 位,15 位身份证号的第 15 位代表性别,18 位身份证号的第 17 位代表性别,其中奇数表示男性,偶数表示女性。

MID 取值函数

MID 函数属于文本函数的一种,它的功能是:从文本字符串中指定的起始位置起返回指定长度的字符。

可使用 MID 函数将身份证号中的有效信息提取,经过函数的转换成为容易识别的项。

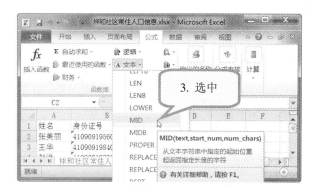

1. 单击 C2 单元格。
2. 单击"公式"选项卡→"函数库"组→"文本"按钮。
3. 在下拉列表中,选中并单击"MID"函数,打开"函数参数"对话框。
4. 设置"Text"项为"B2",表示从 B2 单元格中提取信息;设置"Start_num"项为"15",表示从第 15 位开始取值;设置"Num_chars"项为"3",表示向后取包括第 15 位的 3 位数。
5. 单击"确定"按钮完成计算。此时,计算结果为"152"。

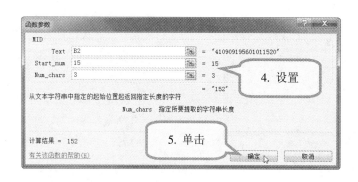

»☞插入求余函数

取出表示性别的值后,将其除以 2,若余数为 0 则表示该值为偶数,否则表示该值为奇数。

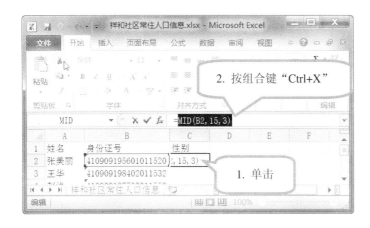

1. 单击 C2 单元格。
2. 选中编辑栏等号后面的公式,按组合键"Ctrl+X",将公式剪切至剪贴板。
3. 单击"公式"选项卡→"函数库"组→"数学和三角函数"按钮。
4. 在下拉列表中,单击"MOD"函数,打开"函数参数"对话框。

5. 单击"Number"参数后面的编辑框,按组合键"Ctrl+V",将刚才剪切的公式粘贴至空白处。
6. 单击"Divisor"参数后面的编辑框,输入参数"2"。
7. 单击"确定"按钮完成计算。此时,计算结果为"0"。

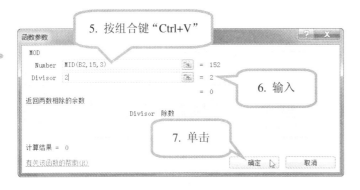

MOD 求余函数

MOD 函数属于数学和三角函数的一种,它的功能是:返回两数相除的余数。

在 MOD 函数的参数中,"Number"项为被除数,可将其值设置为 MID 函数的返回值。

☞ 插入条件判断函数

通过上面的两步，已成功获得身份证号中标识性别的位是奇数还是偶数。接下来，就需要条件判断函数 IF 根据奇偶性判断单元格如何填写，即如果值为偶数需填充"女"，值为奇数需填充"男"。

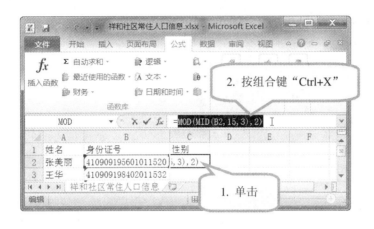

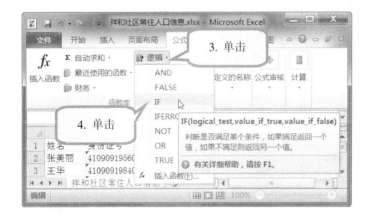

1. 单击 C2 单元格。
2. 选中编辑栏等号后面的公式，按组合键"Ctrl+X"，将公式剪切至剪贴板。
3. 单击"公式"选项卡→"函数库"组→"逻辑"按钮。
4. 在下拉列表中，单击"IF"函数，打开"函数参数"对话框。
5. 单击"Logical_test"参数后面的编辑框，按组合键"Ctrl+V"，将刚才剪切的公式粘贴至空白处。
6. 单击"Value_if_true"参数后面的编辑框，输入参数"女"。
7. 单击"Value_if_false"参数后面的编辑框，输入参数"男"。
8. 单击"确定"按钮完成计算。此时，计算结果为"女"。

函数嵌套

IF 函数作为单条件判断时应用非常广泛，它可以和很多函数组合，完成复杂的运算。将某函数的返回值作为另一个函数的参数的方法称为函数嵌套。

实例 9　制作社区常住人口信息表

»☞ 插入日期型函数

身份证号还可以提取公民的出生年月，其中，第 7～10 位提供出生的年份，第 11 和 12 位提供出生的月份，第 13 和 14 位提供出生的日期。提取到数值后，再将返回值嵌套在日期型函数中，转换为日期即可。

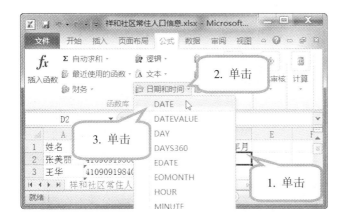

1. 单击 D2 单元格。
2. 单击"公式"选项卡→"函数库"组→"日期和时间"按钮。
3. 在下拉列表中，单击"DATE"函数，打开"函数参数"对话框。

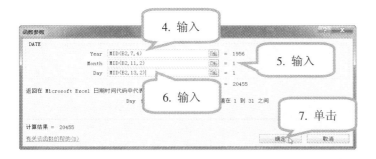

4. 单击"Year"参数后面的编辑框，输入取值函数"MID(B2,7,4)"，表示从 B2 单元格的数值中取第 7～10 位的值，并转换为年。
5. 单击"Month"参数后面的编辑框，输入取值函数"MID(B2,11,2)"，表示从 B2 单元格的数值中取第 11 和 12 位的值，并转换为月。
6. 单击"Day"参数后面的编辑框，输入取值函数"MID(B2,13,2)"，表示从 B2 单元格的数值中取第 13 和 14 位的值，并转换为日。
7. 单击"确定"按钮完成设置，填充单元格的值为"1956-1-1"。

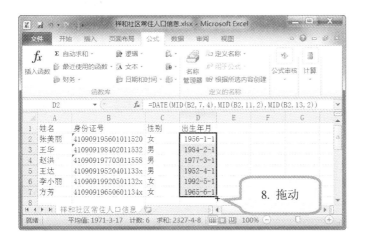

8. 拖动鼠标句柄复制公式，填充至 D3:D7 单元格。

»☞ 插入 TODAY 函数

Excel 提供了多种日期型函数,其中 TODAY 函数能够返回系统当前日期,用当前日期减去出生年月,可得出生天数,再除以 365,即得年龄。

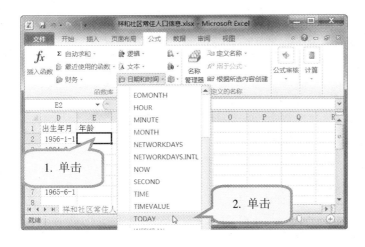

1. 单击 E2 单元格。

2. 单击"公式"选项卡→"函数库"组→"日期和时间"按钮→"TODAY"函数。

3. 切换输入法至英文状态。

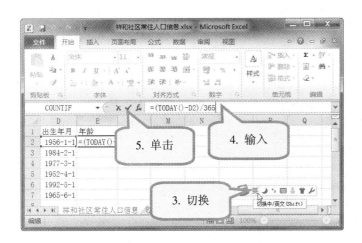

4. 激活编辑栏,输入"(TODAY()-D2)/365"。

5. 单击"输入"按钮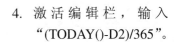完成公式编辑。

计算结果如图所示。观察发现,年龄值存在多位小数,与年龄的格式不符。一般地,实际年龄都以整数计算,未到生日则不能算作一年。如:21 岁零 9 个月,则仍为 21 岁。而此处若以设置单元格格式的方法将小数位缩减,会造成四舍五入的效果,与实际年龄不符。

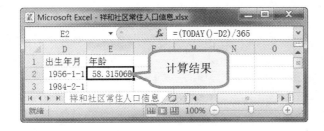

☞ 插入取整函数

INT 取整函数属于数学和三角函数的一种,它的功能是:向下取整,即为小数舍去所有小数位。INT 函数设置简单,仅需要在参数位置输入数值或者其他函数的返回值即可。

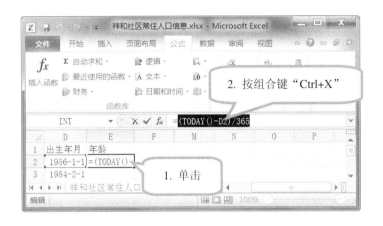

1. 单击 E2 单元格。

2. 选中编辑栏等号后面的公式,按组合键"Ctrl+X",将公式剪切至剪贴板。

3. 单击"公式"选项卡→"函数库"组→"数学和三角函数"按钮。

4. 在下拉列表中,单击"INT"函数,打开"函数参数"对话框。

5. 单击"Number"参数后面的编辑框,按组合键"Ctrl+V",将刚才剪切的公式粘贴至空白处。

6. 单击"确定"按钮完成计算。

☞ 插入查找函数

根据年龄，可以粗略获得此人的在岗情况，一般情况，22 岁以下为学生，22 岁～60 岁在岗，60 岁以上退休。Excel 提供的查找函数中，能够较好地解决多条件匹配问题。

LOOKUP 函数属于查找与引用的一种，它的功能是：从单行或单列或数组中查找一个值，返回另一行或另一列或数组对应位置的其他值。

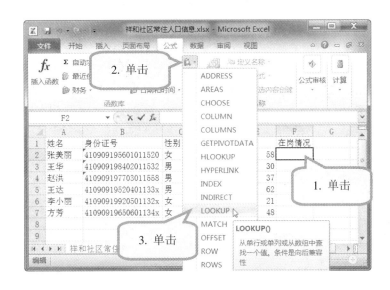

1. 单击 F2 单元格。

2. 单击"公式"选项卡→"函数库"组→"查找与引用"按钮。

3. 在下拉列表中，单击"LOOKUP"函数，打开"选定参数"对话框。

4. 该函数有多种参数组合方式，此例使用数组方式，在此单击选中"lookup_value, array"项。

5. 单击"确定"按钮，打开"函数参数"对话框。

6. 单击"Lookup_value"参数后面的编辑框，在工作表中单击单元格 E2 引用该单元格的值。

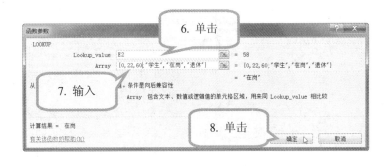

7. 单击"Array"参数后面的编辑框，输入数组 {0,22,60;"学生","在岗","退休"}。

8. 单击"确定"按钮完成计算。

☞ 添加条件判断

我国目前的退休年龄为：女性，55 岁；男性，60 岁。为了更加精确地计算在岗情况，需要为以上查找的数值添加条件判断。

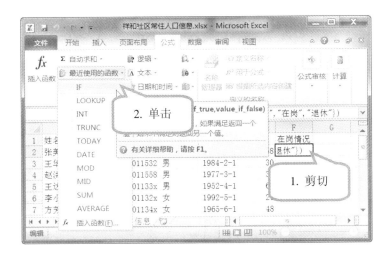

1. 双击 F2 单元格，将单元格的公式剪切至剪贴板。

2. 单击"公式"选项卡→"函数库"组→"最近使用的函数"按钮→"IF"函数，打开"函数参数"对话框。

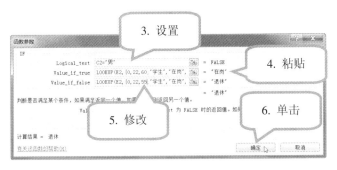

3. 单击"Logical_test"参数后面的编辑框，设置判断条件"C2="男""，表示当性别为男时，匹配 60 岁退休，否则为 55 岁退休。

4. 单击"Value_if_true"参数后面的编辑框，将刚才剪切的公式粘贴至空白处。

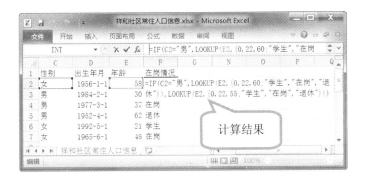

5. 单击"Value_if_false"参数后面的编辑框，将刚才剪切的公式粘贴至空白处，并将"60"修改为"55"。

6. 单击"确定"按钮完成计算。

»☞ 插入数据统计函数

最后，根据在岗情况，就可以得出本社区重阳节参加活动的人数。

COUNTIF 函数属于统计类函数的一种，它的功能是：计算某区域内，满足条件的单元格数目。同类的计数函数大多以 COUNT 开头，根据满足的条件不同，计算单元格的数目。

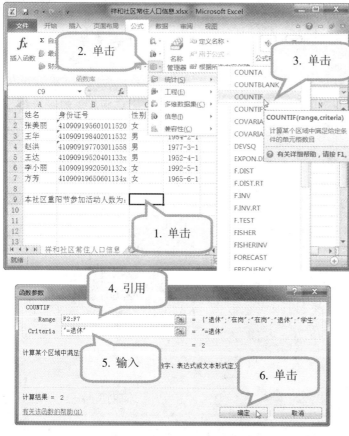

1. 单击 C9 单元格。

2. 单击"公式"选项卡→"函数库"组→"其他"按钮。

3. 在下拉列表中，单击"统计"→"COUNTIF"函数，打开"函数参数"对话框。

4. 单击"Range"参数后面的编辑框，引用"F2:F7"单元格，表示条件判断的区域。

5. 单击"Criteria"参数后面的编辑框，输入"=退休"，表示计算在 F2:F7 单元格中满足值="退休"的单元格数目。

6. 单击"确定"按钮完成计算。

»☞应用条件格式

Excel 提供的条件格式功能,能够将具备一定条件的单元格突出显示,方便对所需数据的查看和管理。

1. 套用表格样式美化表格。

2. 选中 A2:F7 单元格。

3. 单击"开始"选项卡→"样式"组→"条件格式"按钮。

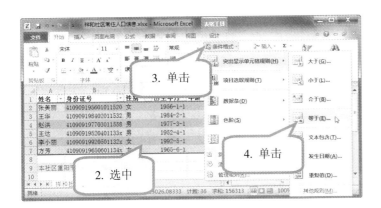

4. 在下拉列表中,单击"突出显示单元格规则"→"等于"项,打开"等于"对话框。

5. 在"为等于以下值的单元格设置格式"下方的编辑栏中,清空编辑栏,引用 F2 单元格,表示需设置条件格式的单元格,需和 F2 单元格的值保持一致。

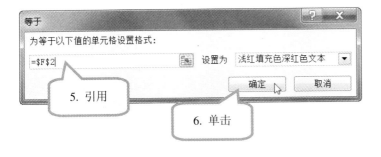

6. 单击"确定"按钮完成设置。此例采用了默认设置:"浅红填充色深红色文本",也可对其进行其他的设置。

实例 10　制作水电费缴费清单

☞ **学习情境**

祥和社区后勤部管理员小王，每月负责收取小区用户的水电费。为避免错收、漏收费用现象的发生，故在收取费用前，需要制作水电费缴费清单并将其发给每位业主，既可以提高工作效率，又能够保证信息的准确性。

☞ **编排效果**

祥和社区水电费缴费清单					
水费单价（元/吨）		￥ 2.10			
电费单价（元/度）		￥ 0.56			
户名	水表数	电表数	合计金额	上月余额	需缴费金额
甲	55	20	￥ 126.70	￥100.00	￥ 26.70
户名	水表数	电表数	合计金额	上月余额	需缴费金额
乙	45	30	￥ 111.30	￥ 50.00	￥ 61.30
户名	水表数	电表数	合计金额	上月余额	需缴费金额
丙	35	10	￥ 79.10	￥ 80.00	￥ －
户名	水表数	电表数	合计金额	上月余额	需缴费金额
丁	20	150	￥ 126.00	￥ 90.00	￥ 36.00
户名	水表数	电表数	合计金额	上月余额	需缴费金额
戊	10	80	￥ 65.80	￥ 10.00	￥ 55.80

☞ **掌握技能**

通过本实例，将学会以下技能：
- 定位单元格。
- 相对引用。
- 绝对引用。
- 混合引用。

»☞获取外部数据

Excel 支持外部数据的导入，包括来自网站、数据库和文本格式的数据。

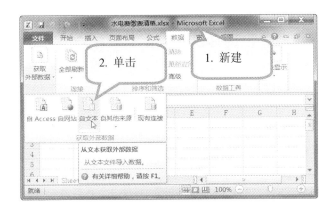

1. 新建名为"水电费缴费清单"的 Excel 文档。

2. 单击"数据"选项卡→"获取外部数据"组→"自文本"按钮，打开"导入文本文件"对话框。

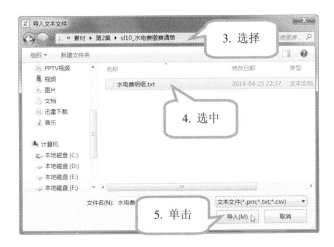

3. 选择需导入文件所在位置。

4. 选中文件预览区中所示文件。

5. 单击"导入"按钮，打开"文本导入向导"对话框。

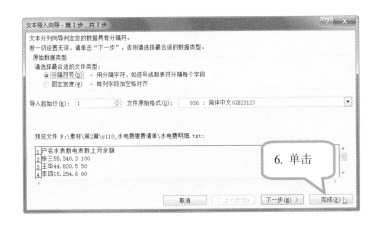

6. 如果不需要设置，可直接单击"完成"按钮打开"导入数据"对话框，再单击"确定"按钮完成数据导入。

»☞ 修改内容

由外部导入的数据，往往无法满足文档设计需要，需进一步增删数据。

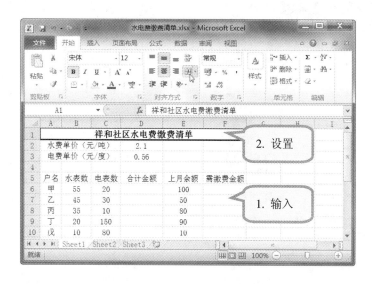

1. 按照图中实例，输入文本和数据。合并单元格 A1:F1、A2:C2、A3:C3。

2. 选中 A1:F10 单元格，设置文字对齐方式为"居中"。单击 A1 单元格，设置字体大小为 12 号，加粗。

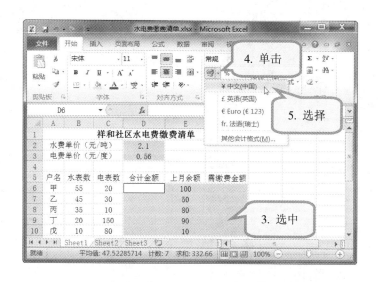

3. 按住"Ctrl"键，选中 D2:D3、D6:F10 单元格。

4. 单击"开始"选项卡→"数字"组→"会计数字格式"按钮右侧的箭头。

5. 在下拉列表中，选择"¥中文(中国)"项，设置所选单元格格式。

☞ 插入乘法运算公式

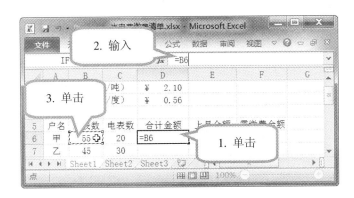

1. 单击 D6 单元格。

2. 输入"="号，进入公式编辑状态。

3. 单击 B6 单元格，引用该单元格的数据。

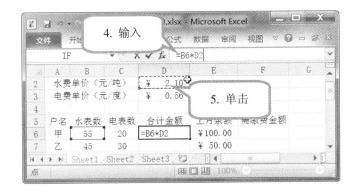

4. 在编辑栏中输入"*"号。

5. 单击 C4 单元格，引用该单元格的数据。

6. 输入"+"号。

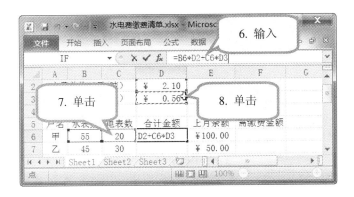

7. 单击 C6 单元格，引用该单元格的数据，继续输入"*"号。

8. 单击 D3 单元格，引用该单元格的数据，按"Enter"键完成公式输入。

☞ 单元格的绝对引用

在公式中使用单元格的数据，根据单元格的地址是否发生变化，分为相对引用、绝对引用和混合引用三种引用方式。一般情况下为相对引用方式，单元格的地址会随着公式位置的改变而改变。若不希望公式中引用的值发生变化，可使用绝对引用方式。

修改单元格的引用方式为绝对引用时，需在引用单元格的列号和行号前加入"$"符号，以保证被引用的单元格地址不变。输入前，需调整输入法为英文状态。

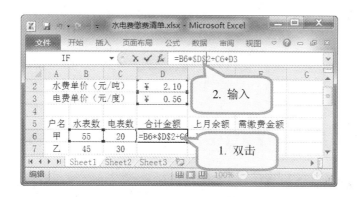

1. 双击 D6 单元格，激活公式编辑状态。

2. 在 D2 单元格的列标"D"和行号"2"的前边分别输入"$"符号。

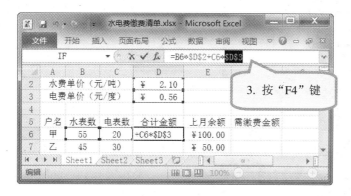

切换引用方式

选中公式中的单元格地址。按一次"F4"键，列号和行号前自动添加"$"符号。按两次"F4"键，行号前自动添加"$"符号。按三次"F4"键，行号恢复，列号前自动添加"$"符号。按四次"F4"键，单元格恢复相对引用状态。

3. 选中 D6 单元格公式中的"D3"，按一次"F4"键。

4. 按"Enter"键完成公式输入，拖动鼠标将 D6 单元格公式填充至 D7:D10 单元格。

»☞插入嵌套公式

1. 单击 F6 单元格。

2. 单击编辑栏"插入函数"按钮,打开"插入函数"对话框。

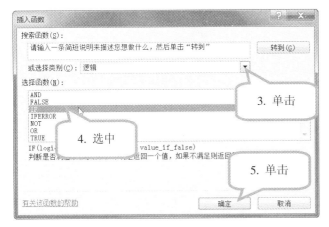

3. 单击"或选择类别"列表框的下拉箭头,在下拉列表中选中"逻辑"类函数。

4. 在"选择函数"列表中,选中"IF"函数。

5. 单击"确定"按钮,打开"函数参数"对话框。

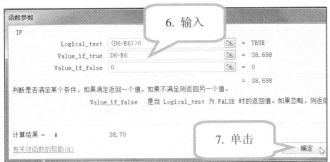

6. 在"Logical_test"参数后,输入"(D6-E6)>0";在"Value_if_true"参数后,输入"D6-E6";在"Value_if_false"参数后,输入"0"。

7. 单击"确定"按钮完成输入。

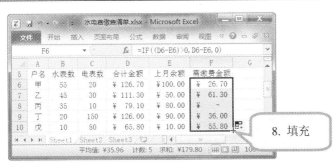

8. 拖动鼠标将 F6 单元格公式填充至 F7:F10 单元格。

查找与定位

用 Excel 进行数据处理时，经常会遇到查找或定位问题。在数据量较少时，通常会用鼠标拖动滚动条到达需要的位置。数据量较多时，若要定位满足条件的多个单元格，可通过定位功能完成操作。

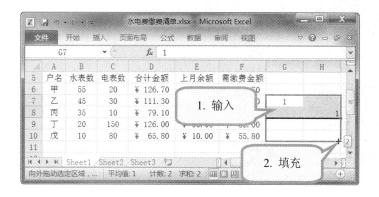

1. 分别在 G7 和 H8 单元格中输入数值"1"，选中 G7:H8 单元格。

2. 将鼠标放在 H8 单元格的右下角，当鼠标变为"+"形状时，拖动鼠标至 D10 单元格，完成数据的填充。

3. 选中 G7:H10 单元格，按组合键"Ctrl+G"，打开"定位"对话框。单击"定位条件"按钮，继续打开"定位条件"对话框。

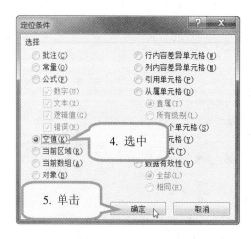

4. 选中"空值"项。

5. 单击"确定"按钮完成定位。

»☞批量插入多行

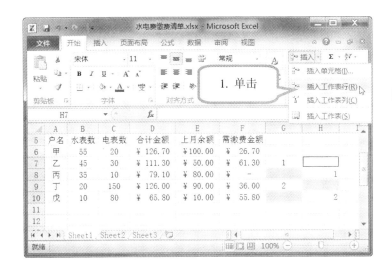

1. 单击"开始"选项卡→"单元格"组→"插入"按钮右侧的箭头→"插入工作表行"项。

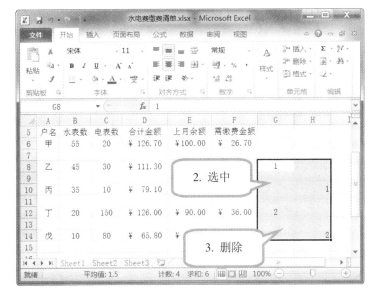

2. 选中 G8:H14 单元格。

3. 按"Delete"删除键,删除选中的数据。

🔊 在定位无规律的单元格时,往往为数据添加有规律的辅助项,如连续数字等,完成定位后再将辅助项删除。

»☞定位与复制

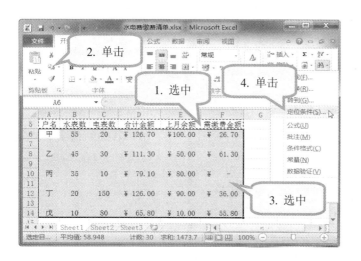

1. 选中 A5:F5 单元格。

2. 单击"开始"选项卡→"剪贴板"组→"复制"按钮，完成对表头的复制。

3. 选中 A6:F14 单元格。

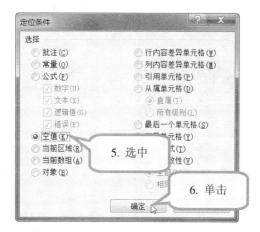

4. 单击"开始"选项卡→"编辑"组→"查找和选择"按钮→"定位条件"项。

5. 在"定位条件"对话框中，选中"空值"项。

6. 单击"确定"按钮完成定位设置。

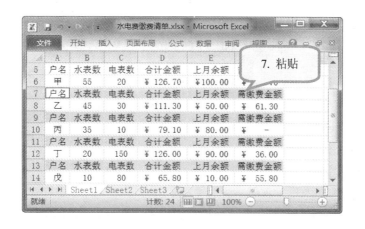

7. 按组合键"Ctrl+V"粘贴表头信息至定位单元格。

☞ 定位文本

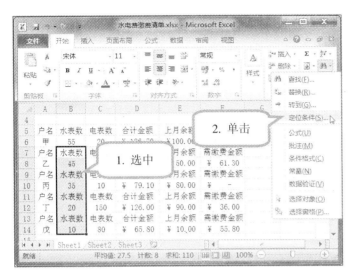

1. 选中 B7:B14 单元格。

2. 单击"开始"选项卡→"编辑"组→"查找和选择"按钮 → "定位条件"项。

3. 在"定位条件"对话框中,选中"常量"项。

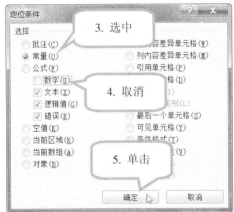

4. 取消"数字"复选框的勾选状态。

5. 单击"确定"按钮完成定位设置。

6. 右键单击定位选中的任意单元格。

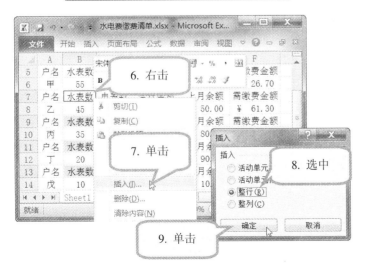

7. 在快捷菜单中,单击"插入"命令,打开"插入"对话框。

8. 选中"整行"项。

9. 单击"确定"按钮完成插入。

»☞ 批量增加表格边框

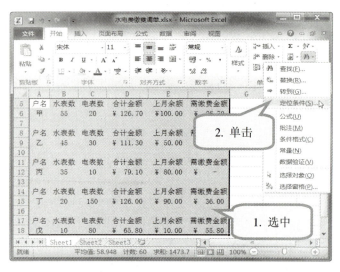

1. 选中 A5:F18 单元格。

2. 单击"开始"选项卡→"编辑"组→"查找和选择"按钮 → "定位条件"项。

3. 在"定位条件"对话框中，选择"常量"项。

4. 单击"确定"按钮完成定位设置。

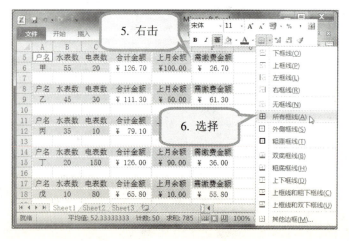

5. 右键单击定位选中的任意单元格。

6. 在打开的"格式"悬浮栏中，单击"其他框线"按钮，在下拉列表中选择"所有框线"项。

☞定位公式

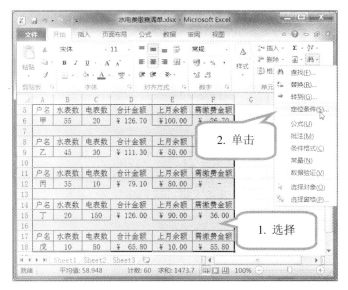

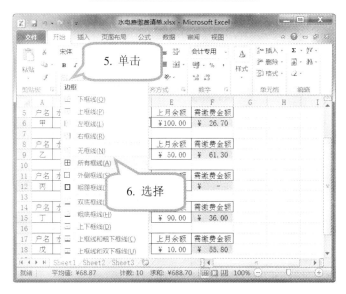

> 定位条件不可多选，当表格中的数据不单一时，需多次定位方可完成设置。

1. 选中 A5:F18 单元格。

2. 单击"开始"选项卡→"编辑"组→"查找和选择"按钮 → "定位条件"项。

3. 在"定位条件"对话框中，选择"常量"项。

4. 单击"确定"按钮完成定位设置。

5. 单击"开始"选项卡→"字体"组→"其他边框"按钮。

6. 在下拉列表中，选择"所有框线"项。

实例 11 制作员工考勤情况统计表

☞ **学习情境**

员工考勤制度是否严谨，直接关系公司的长期运营。为了稳定发展，更好地为小区服务，祥和小区物业公司制定了员工考勤制度，并为每位员工制作考勤卡，将正常工作时数、加班时数、病假、带薪假都统计在内，作为工资发放和年终业绩评估时的参考。

☞ **编排效果**

姓名	参加工作时间	工时总计	病假	带薪假	工龄	本年度带薪假剩余天数	表现
0110王红	1999-10-25	64.00	4.00	4.00	14	9.5	良好
0111张小雨	2003-5-8	65.00	4.00	7.00	10	9.1	良好
0120李腾飞	2013-8-15	65.00	4.00	0.00	0	0.0	优秀

员工考勤情况统计

☞ **掌握技能**

通过本实例，将学会以下技能：
- 使用模板创建工作表。
- 设置错误提示消息。
- 引用其他工作表的数据。
- 设置 DATEDIF 函数及其参数。
- 应用渐变数据条格式。

实例 11　制作员工考勤情况统计表

»☞从模板中创建考勤卡

工作簿模板包含了已经设计好的工作表，用户可根据需要迅速生成。Excel 2010 包含了本地模板和网络模板，本地模板不需要连接互联网，通过新建即可生成具有专业特色的工作表。

1. 新建 Excel 文档。

2. 单击"文件"选项卡→"新建"命令。

3. 在"可用模板"列表中，单击"样本模板"项，进入"样本模板"列表。

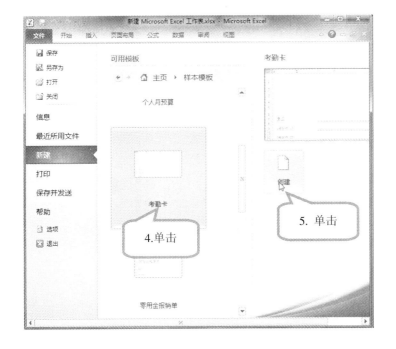

4. 在"样本模板"列表中，单击"考勤卡"项。

5. 在右侧的预览区中，单击"创建"按钮完成"考勤卡"的创建。

设置单元格格式

根据模板完成创建后，Excel 自动新建了名为"考勤卡1"的工作簿，其中包含一个名为"考勤卡"的工作表。

1. 单击 C7 单元格，输入"0111 张小雨"；单击 C16 单元格，输入"1-7"。

   在表格中所输入的日期时间格式是新建工作表时模板中自带的格式，根据需要，可重新设置。

2. 选中 C16、C21:C27 单元格。

3. 右键单击选中的单元格的任意位置，打开快捷菜单。

4. 单击"设置单元格格式"命令，打开"设置单元格格式"对话框。

5. 单击"数字"选项卡→"日期"分类。

6. 在"类型"下拉列表中，选中"3月14日"项。

7. 单击"确定"按钮返回工作表。

实例11 制作员工考勤情况统计表

»☞设置数据有效性

公司实行计时工资制度，正常工作时间的工资为50元，加班工资为原工资的1.5倍，病假工资为原工资的0.8倍，带薪假工资与原工资相同。另外，员工请假不得超过2个小时，否则不予发放病假工资。

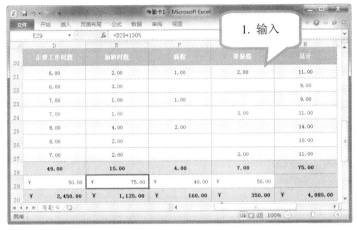

模板生成时内含公式，因此在单元格中输入数据，可立刻计算出该员工的计时工资。

1. 输入如图所示的数据。

2. 选中F21:F27单元格。

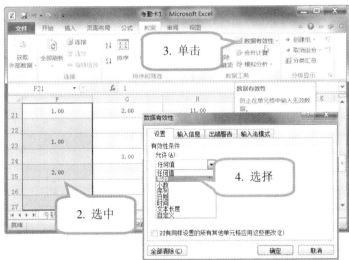

3. 单击"数据"选项卡→"数据工具"组→"数据有效性"按钮，打开"数据有效性"对话框。

4. 在"设置"选项卡的"允许"栏中，选择"整数"项。

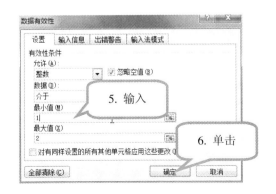

5. 数据介于1、2之间，输入最小值"1"，最大值"2"。

6. 单击"确定"按钮完成设置。

143

»☞ 设置错误提示消息

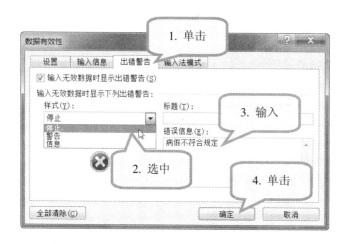

1. 打开"数据有效性"对话框,单击"出错警告"选项卡。

2. 单击"样式"栏→"停止"项。

3. 在"错误信息"中输入"病假不符合规定"。

4. 单击"确定"按钮完成设置,返回工作表。

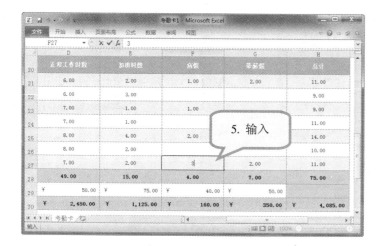

5. 在 F27 单元格中,输入"3",按"Enter"键。

6. 当输入的数字不在设置范围时,系统弹出"错误消息提示"对话框,单击"取消"按钮,返回工作表。

实例 11　制作员工考勤情况统计表

»☞建立副本

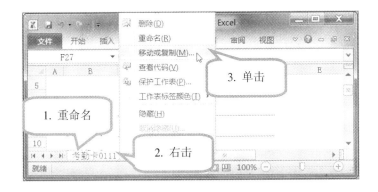

1. 重命名"考勤卡"工作表标签为"考勤卡0111"。

2. 右键单击"考勤卡0111"工作表标签。

3. 在打开的快捷菜单中，单击"移动或复制"命令，打开"移动或复制工作表"对话框。

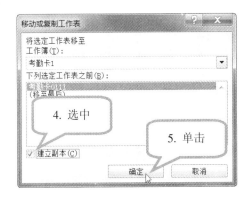

4．选中"建立副本"复选框。

5. 单击"确定"按钮完成副本的建立。

6. 重命名工作表标签为"考勤卡0110"。

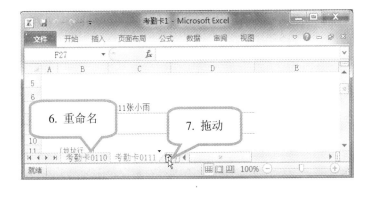

7. 将鼠标放置于"考勤卡0111"工作表标签，按下"Ctrl"键的同时向右拖动鼠标。当黑色箭头位于"考勤卡0111"工作表标签右侧位置时，释放鼠标，并重命名副本工作表为"考勤卡0120"。

»☞修改数据

正常工作时数	加班时数	病假	带薪假
6.00	2.00	1.00	2.00
7.00	1.00		
8.00	4.00	1.00	
6.00	3.00		
8.00	1.00	2.00	
8.00	2.00		
7.00	2.00		2.00

1. 输入

1. 单击工作表"考勤卡0110",输入图中所示内容。

正常工作时数	加班时数	病假	带薪假
7.00	2.00	2.00	
6.00	3.00		
8.00	2.00		
7.00	1.00		
6.00	5.00	1.00	
8.00	2.00		
7.00	1.00		

2. 输入

2. 单击工作表"考勤卡0120",输入图中所示内容。

3. 单击工作表标签栏的"插入工作表"按钮 ，插入新工作表 Sheet1。

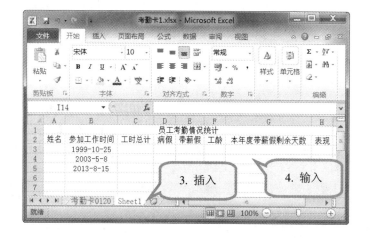

4. 在 A1:H5 单元格中分别输入图中所示内容,并设置格式为自动调整列宽、居中。

»☞引用其他工作表的数据

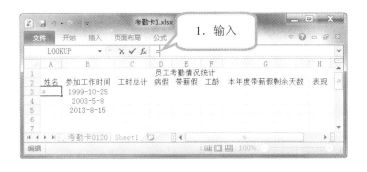

1. 单击 A3 单元格，输入"="号。

2. 单击"考勤卡 0110"工作表。

3. 单击 C7 单元格，编辑栏中出现"=考勤卡 0110!C7"，表示引用了"考勤卡 0110"工作表 C7 单元格中的数据。按"Enter"键完成输入。

4. 返回工作表 Sheet1，单击 A3 单元格，选中公式中的"C7"，按"F4"键切换引用方式为绝对引用。

复制绝对引用单元格

1. 将鼠标置于 A3 单元格的右侧，填充公式至 A4 和 A5 单元格。

2. 修改 A4 单元格的内容为"考勤卡0111!$C$7"，A5 单元格的内容为"考勤卡0120!$C$7"。

3. 单击编辑栏的"输入"按钮 ✓ 完成公式修改。

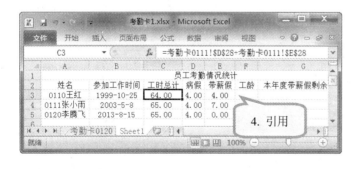

4. 将表格中的"工时总计"、"病假"、"带薪假"字段也进行 1～3 步骤的操作，引用并填充至相应的单元格中。其中，工时总计为"正常工作时数"与"加班时数"的总和。

»☞插入 DATEDIF 函数

工龄计算经常出现在 Excel 数据的统计与计算问题中，而 DATEDIF 函数能够返回两个日期之间的间隔数，返回值可自行设定为年、月或日。

1. 单击 F3 单元格，输入"DATEDIF()"函数。

2. 在 DATEDIF 函数的括号中，单击 B3 单元格引用数据。

3. 继续输入逗号，再输入"TO"，此时在公式的下方会自动出现函数提示框。

4. 双击提示框中的"TODAY"函数。

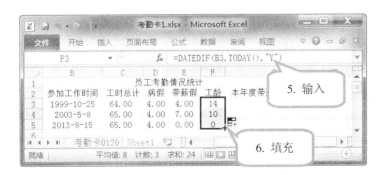

5. 继续输入逗号，再输入"Y"，表示以年份返回 B3 和目前之间的差值。按"Enter"键完成输入。

6. 将 F3 单元格的公式填充至 F4 和 F5 单元格。

☞ 插入 LOOKUP 函数

当需要对两组一一对应的数据进行判断时，可使用 LOOKUP 函数。如员工累计工作已满 1 年不满 10 年的，年休假 5 天；已满 10 年不满 20 年的，年休假 10 天；已满 20 年的，年休假 15 天；未满 1 年的，无带薪假。

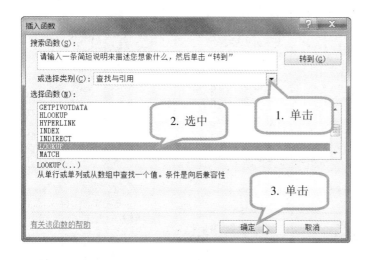

1. 单击 G3 单元格，再单击编辑栏的"插入公式"按钮，打开"插入函数"对话框。单击"或选择类别"列表框的下拉箭头，在下拉列表中选择"查找与引用"类函数。

2. 在"选项函数"栏中，选中"LOOKUP"函数。

3. 单击"确定"按钮，打开"选定参数"对话框。

4. 选中第一项。

5. 单击"确定"按钮完成参数设置。

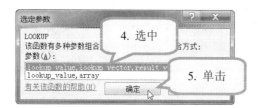

6. 单击"Lookup_value"参数后面的编辑框，在工作表中单击单元格 F3，引用该单元格的值。

7. 单击"Loopup_vector"参数后面的编辑框，输入数组"{0,1,10,20}"。

8. 单击"Result_vector"参数后面的编辑框，输入数组"{0,5,10,15}"。

9. 单击"确定"按钮完成输入。

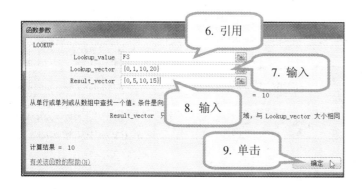

»☞增加小数位

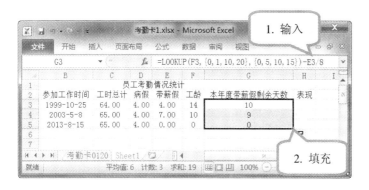

1. 在 G3 单元格中,继续输入公式"-E3/8",按"Enter"键返回工作表。

2. 将 G3 单元格的公式填充至 G4 和 G5 单元格。

🔊 单元格格式的变更影响数值显示的值,对于小数而言,减少小数位不仅仅将小数位抹除,而是四舍五入。因此,当小数位过少会引起较大的误差时,需适当增加小数位。

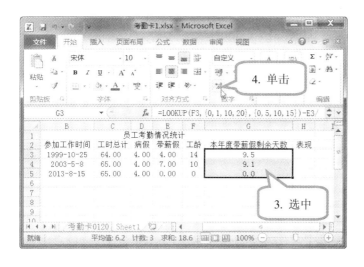

3. 选中 G3:G5 单元格。

4. 单击"开始"选项卡→"数字"组→"增加小数位"按钮。

»☞插入 IF 函数

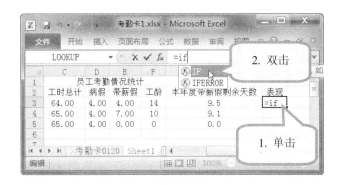

1. 单击 H3 单元格，输入"="号，进入公式编辑状态。

2. 继续输入"if"，根据公式提示栏的提示内容，双击"IF"项，此时公式中显示"=IF("。

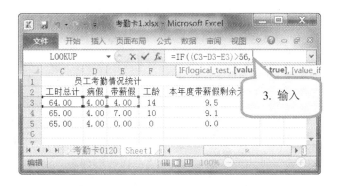

3. 继续输入"（C3-D3-E3）>56,"，表示达到优秀的基础值为每周 7 天，每天工作 8 小时，即 56 个工时。

4. 继续输入""优秀","良好")"，表示大于优秀基础值的为优秀，小于等于基础值的为良好。

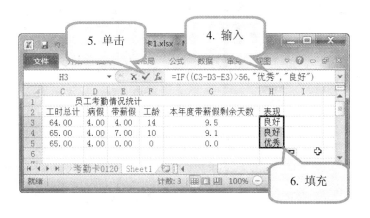

5. 单击编辑栏中的"输入"按钮 ✔ 退出公式编辑状态。

6. 将 H3 单元格的公式填充至 H4 和 H5 单元格。

»☞应用单元格样式

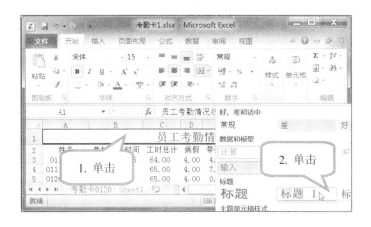

1. 单击 A1 单元格。

2. 单击"开始"选项卡→"样式"组→"单元格样式"按钮→"标题1"项,应用标题样式至"员工考勤情况统计"。

3. 选中 A2:H5 单元格。

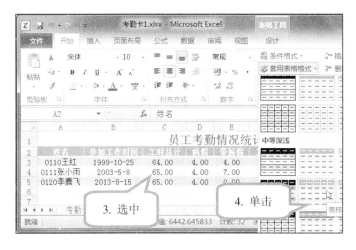

4. 单击"开始"选项卡→"样式"组→"套用表格格式"按钮→"表样式中等深浅9"项,应用表格样式。

5. 选中 G3:G5 单元格。

6. 单击"开始"选项卡→"样式"组→"条件格式"按钮→"数据条"项→"橙色数据条",应用条件格式。

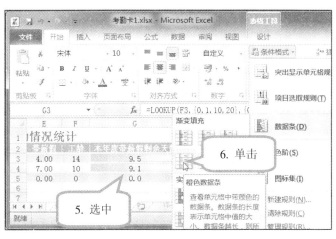

🔊 Excel 2010 提供了更为丰富的条件格式样式,包括数据条、色阶和图标集,使数据以更智能、更专业的形式展现。

实例 12 制作万年历

☞ **学习情境**

电子万年历具备查询方便、更新及时、可个性化等优点，目前已逐渐替代了纸质日历。退休的张老师也希望使用 Excel 做一份万年历，方便查看日期。

☞ **编排效果**

二〇一四年四月二十八日		星期	一	北京时间	10时40分23秒	
星期一	星期二	星期三	星期四	星期五	星期六	星期日
		1	2	3	4	5
6	7	8	9	10	11	12
13	14	15	16	17	18	19
20	21	22	23	24	25	26
27	28					
查询年月	1900	年	2	月		

☞ **掌握技能**

通过本实例，将学会以下技能：
- 使用时间型、日期型函数。
- 应用逻辑运算类函数。
- 快速填充公式。
- 设置网格线与零值。

实例12 制作万年历

»☞输入数据

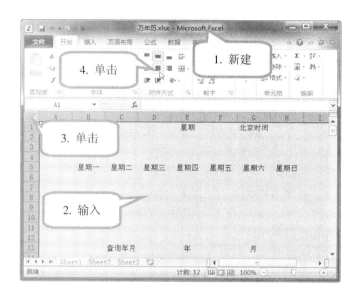

1. 新建 Excel 文档,将其重命名为"万年历"。

2. 按照实例输入文本。

3. 单击"全选"按钮。

4. 单击"开始"选项卡→"对齐方式"组→"居中"按钮。

5. 选中 B1:D1 单元格,右击选中区域,在悬浮工具栏中,单击"合并后居中"按钮。

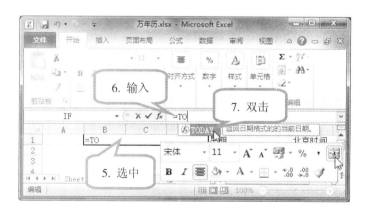

6. 单击 B1 单元格,输入"="号进入公式编辑状态。

7. 继续输入"TO",双击公式提示栏中的"TODAY"函数,继续输入")",按"Enter"键完成输入。

155

设置时间格式

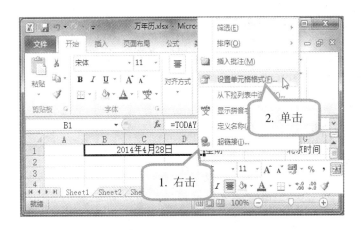

1. 右击 B1 单元格。

2. 在打开的快捷菜单中，单击"设置单元格格式"命令，打开"设置单元格格式"对话框。

3. 在"数字"选项卡的"分类"栏中，选中"日期"项。

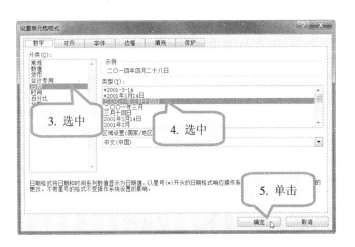

4. 在"类型"预览区中，选中"二〇〇一年三月十四日"项。

5. 单击"确定"按钮完成设置。

»☞ 插入 WEEKDAY 函数

WEEKDAY 函数属于日期与时间类函数，其功能为返回某日期为星期几。参数 Serial_number 表示日期；Return_type 用于确定返回值类型的数字。

1. 单击 F1 单元格。

2. 单击编辑栏中的"插入函数"按钮，打开"插入函数"对话框。

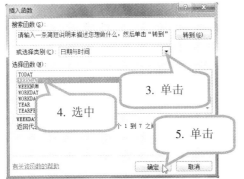

3. 在"或选择类别"列表框中，选中"日期与时间"类函数。

4. 在"选择函数"列表中，选中"WEEKDAY"函数。

5. 单击"确定"按钮，打开"函数参数"对话框。

6. 单击"Serial_number"参数后的编辑框，引用 B1 单元格；单击"Return_type"参数后的编辑框，输入"2"。

7. 单击"确定"按钮完成输入，再打开"设置单元格格式"对话框。

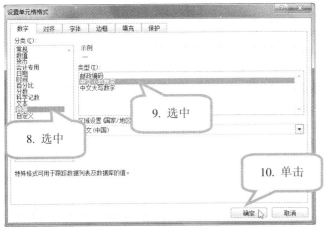

8. 在"数字"选项卡的"分类"栏中，选中"特殊"项。

9. 在"类型"预览区中，选中"中文小写数字"项。

10. 单击"确定"按钮返回工作表。

»☞插入 NOW 函数

NOW 函数属于日期与时间类函数，其功能为返回日期时间格式的当前日期和时间。该函数无参数。

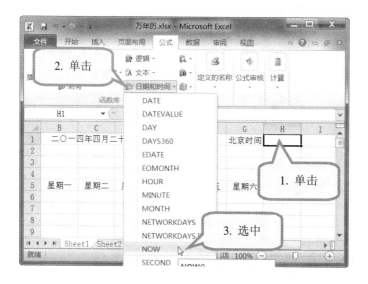

1. 单击 H1 单元格。

2. 单击"公式"选项卡→"函数库"组→"日期和时间"按钮。

3. 在下拉列表中，选中"NOW"函数。

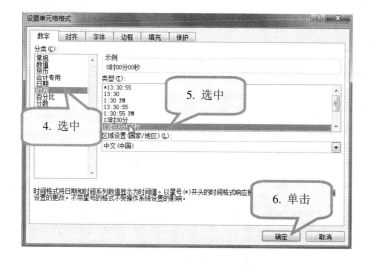

4. 右键单击 H1 单元格，打开"设置单元格格式"对话框。在"数字"选项卡的"分类"栏中，选中"时间"项。

5. 在"类型"预览区中，选中"13 时 30 分 35 秒"项。

6. 单击"确定"按钮完成设置。

»☞添加辅助列

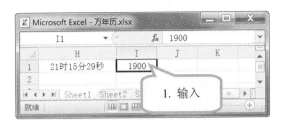

1. 单击 I1 单元格，输入"1900"。

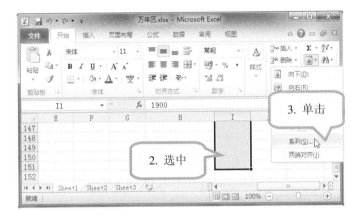

2. 按住"Shift"键不放，向下拖动表格至 151 行，单击 I151 单元格，选中 I1:I151。

3. 单击"开始"选项卡→"编辑"组→"填充"按钮→"系列"项。

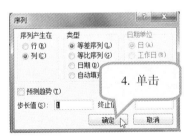

4. 在打开的"序列"对话框中，设置序列产生的位置和类型，单击"确定"按钮完成输入。

5. 单击 J1 单元格，输入"1"。

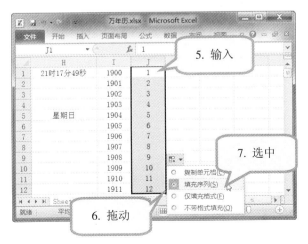

6. 将鼠标置于 J1 单元格的右下角，拖动句柄向下填充至 J12 单元格。

7. 选中"填充序列"项。

»☞添加下拉列表效果

1. 单击 D13 单元格。

2. 单击"数据"选项卡→"数据工具"组→"数据有效性"按钮,打开"数据有效性"对话框。

3. 单击"允许"栏列表框右侧的箭头,在下拉列表中选中"序列"项。

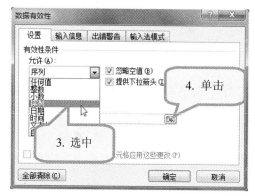

4. 单击"来源"栏的"选择数据"按钮,缩小对话框。

5. 在工作表中,自 I1 单元格拖动至 I151 单元格。

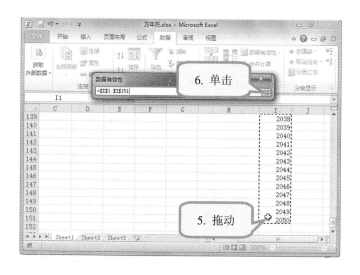

6. 再次单击"选择数据"按钮恢复对话框,单击"确定"按钮返回工作表。

🔊 单击 F13 单元格,重复以上步骤,将"有效性条件"序列的"来源"改为 J1:J12。

»☞插入月份运算公式

一年 12 个月，每月的天数虽然不尽相同，但仍可按照一定的规律来计算。若是 2 月，并且年份能被 400 整除，或者年份能被 4 整除但不能被 100 整除，则该月为 29 天，否则为 28 天；若是 4、6、9、11 月，则该月为 30 天；其他月份天数为 31 天。

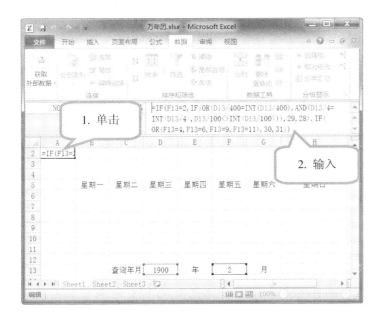

1. 选中"1990 年 2 月"为查询年月，单击 A2 单元格。

2. 输入公式"=IF(F13=2,IF(OR(D13/400=INT(D13/400),AND(D13/4=INT(D13/4),D13/100<>INT(D13/100))),29,28),IF(OR(F13=4,F13=6,F13=9,F13=11),30,31))"，计算当前选中月共有多少天。按"Enter"键完成计算。

3. 在 B3:H3 单元格中，依次输入星期查询对照值"1,2,3,4,5,6,7"。

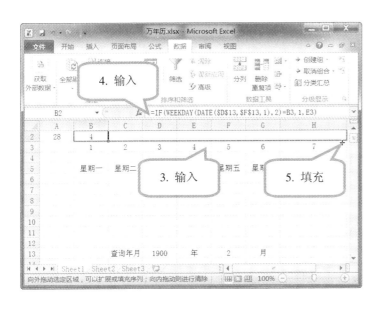

4. 单击 B2 单元格，输入公式"=IF(WEEKDAY(DATE($D$13,$F$13,1),2)=B3,1,E3)"。

5. 再次单击 B2 单元格，用填充句柄将 B2 单元格中的公式复制到 C2:H2 单元格中。

»☞插入日期运算公式

观察众多日历可发现，每月的日历最多可排列 6 行，即组成 7×6 的表格。而此表格的第一行第一列为需要判断的重点，可根据每月 1 号是否为星期一来判断每月日期中第一个单元格的值。

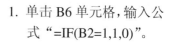

1. 单击 B6 单元格，输入公式"=IF(B2=1,1,0)"。

2. 单击 C6 单元格，输入公式"=IF(B6>0, B6+1, IF(C2=1,1,0))"。

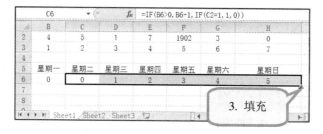

3. 将鼠标置于 C6 单元格的右下角，用填充句柄将 C6 单元格中的公式复制到 D6:H6 单元格中。

4. 单击 B7 单元格，输入公式"=H6+1"。

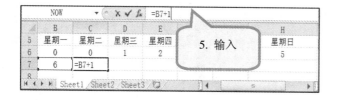

5. 单击 C7 单元格，输入公式"=B7+1"。

»☞公式填充

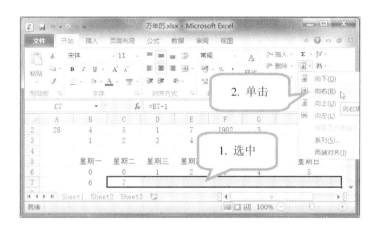

1. 选中 C7:H7 单元格。

2. 单击"开始"选项卡→"编辑"组→"填充"按钮 →"向右"项，将 C7 单元格中的公式填充至 D7:H7 单元格中。

3. 选中 C7:H9 单元格。

4. 单击"开始"选项卡→"编辑"组→"填充"按钮 →"向下"项，将 C7:H7 单元格中的公式填充至 C8：H9 单元格中。

5. 选中 B7:B9 单元格。

6. 单击"开始"选项卡→"编辑"组→"填充"按钮 →"向下"项，将 B7 单元格中的公式填充至 D8 和 D9 单元格中。

»☞判断大于 28 的日期

根据 7×6 表格的特征，前 4 行数据无需判断是否会超出月份总天数，而大于 28 的日期则需要与查询月份天数进行对比，且日期最大值不会超出 C11 单元格的位置。

1. 单击 B10 单元格，输入公式"=IF(H9>=$A$2, 0, H9+1)"。

2. 单击 C10 单元格，输入公式"=IF(B10>=$A$2, 0, IF(B10>0, B10+1, 0))"。

3. 使用填充句柄，将 C10 单元格中的公式复制到 D10:H10 以及 C11 单元格中。

4. 单击 B11 单元格，输入公式"=IF(H10>=A2, 0,IF(H10>0,H10+1,0))"。

»☞隐藏辅助列

表格设计完成后，可将设计过程中使用的辅助列隐藏，以免影响视觉效果。

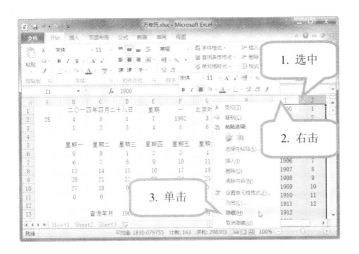

1. 选中 I 和 J 两列。

2. 右键单击选中列的列标。

3. 在打开的快捷菜单中，单击"隐藏"命令，将 I 和 J 列的内容隐藏。

4. 选中第 2 和 3 两行。

5. 单击"开始"选项卡→"单元格"组→"格式"按钮。

6. 在下拉列表中，单击"可见性"栏→"隐藏行"项，将第 2 和 3 两行的内容隐藏。

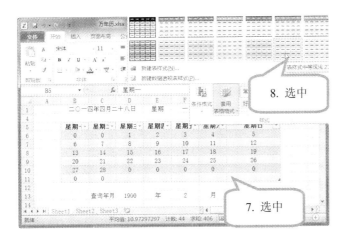

7. 选中 B5:H11 单元格。

8. 单击"开始"选项卡→"样式"组→"套用表格格式"按钮→"表样式中等深浅 27"项，应用表格样式。

☞ 取消零值显示

默认设置中，表格自动显示网格线和零值，为了得到更加美观的效果，可设置网格线和具有零值的单元格不显示。

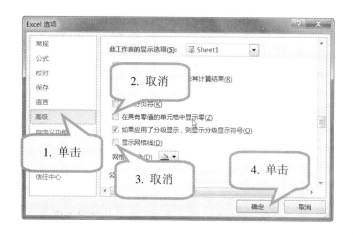

1. 单击"文件"选项卡→"选项"命令，打开"Excel 选项"对话框，单击"高级"项。

2. 在右侧"此工作表的显示选项"栏中，取消"在具有零值的单元格中显示零"项的勾选状态。

3. 取消"显示网格线"项的勾选状态。

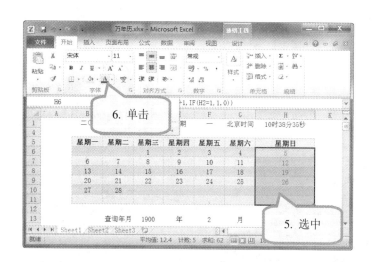

4. 单击"确定"按钮完成设置。

5. 选中 H6:H11 单元格。

6. 单击"开始"选项卡→"字体"组→"字体颜色"按钮，设置选中单元格的文字为"红色"。

实例 13 制作贷款购车计算器

☞ 学习情境

贷款购物在当今已成为一种时尚，对于无大量存款，但每月还小额款项基本没问题的个人或家庭而言，房贷、车贷等分期购物方式较好地解决了资金流动的难题。

小张也想根据自己目前的经济状况买车，希望自己设计一个贷款购车计算器，从而衡量哪种贷款方式较为合适。

☞ 编排效果

贷款购车计算器		
		年利率 5.33%
现款购车价格	¥150,000	人民币（元）
首付额度	30%	百分比
贷款年限	5	年
首付金额	¥45,000	人民币（元）
贷款金额	¥105,000	人民币（元）
贷款月份	60	月
每月还款额	¥1,997	人民币（元）
还款总额	¥119,844	人民币（元）
总利息	¥14,844	人民币（元）
本息总额	¥164,844	人民币（元）

使用说明：
请在蓝色背景区域输入相应内容，贷款信息将自动计算得出。工作表密码：123

按购车分期付款计算，您需首付 ¥45,000 元， 月供 ¥1,997 元， 总计花费 ¥164,844 元，比全额购车多 ¥14,844 元

☞ 掌握技能

通过本实例，将学会以下技能：
- 插入 PMT 函数。
- 插入与设置形状。
- 保护工作表。
- 保存模板。

»☞ 设置文档结构

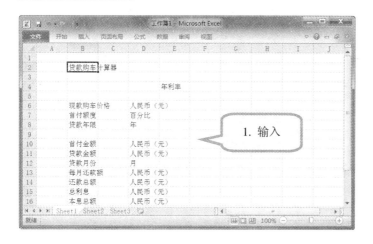

1. 启动 Excel 程序，打开自动命名为"工作簿1"的 Excel 文档，按照图中所示内容输入相应文字。

2. 选中列 B 至列 F。

3. 右键单击选中列的列标处。

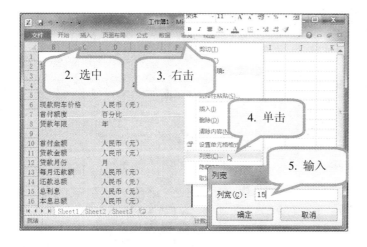

4. 在弹出的快捷菜单中，单击"列宽"命令，打开"列宽"对话框。

5. 输入"列宽"的值"15"，单击"确定"按钮返回工作表。

6. 按下"Ctrl"键，选中以下单元格：C6、C10:C11、C13:C16。

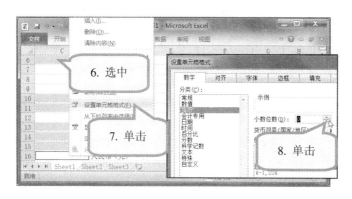

7. 右键单击选中区域，在弹出的快捷菜单中，单击"设置单元格格式"命令，打开"设置单元格格式"对话框。

8. 单击"数字"选项卡→"货币"分类，再单击"小数位数"右侧的向下箭头，调整小数位数至"0"。

☞ 添加下拉列表

为了方便使用,可将单元格设置成具有下拉列表的形式,不需输入,仅通过选择相应的项即可将内容显示至表单中。

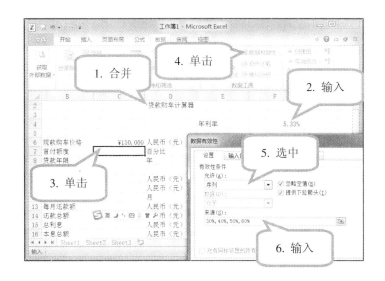

1. 对 B2:F2 单元格执行"合并后居中"操作。

2. 在 F4 单元格中,输入"5.33%";在 C6 单元格中,输入"150000"。

3. 单击 C7 单元格。

4. 单击"数据"选项卡→"数据工具"组→"数据有效性"按钮。

5. 在打开的"数据有效性"对话框中,单击"设置"选项卡→"允许"栏下方的列表框箭头,选中"序列"项。

6. 在"来源"栏下方的编辑框中输入"30%,40%,50%,60%"。

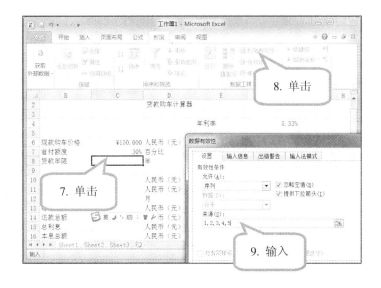

7. 单击 C8 单元格。

8. 单击"数据"选项卡→"数据工具"组→"数据有效性"按钮。

9. 在"数据有效性"对话框中,选中"序列"项,在"来源"处输入"1,2,3,4,5"。

»☞ 引用动态数据

在单元格中输入的数据通常是不可变的，为了提高数据的可重用性，一般使用引用单元格地址的方式进行计算，当被引用单元格的数据发生变化时，其他数据也能够动态地更新，从而做到输入较少数据即可进行大量运算的效果。

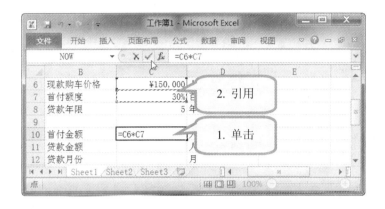

1. 单击 C10 单元格，在编辑栏中，输入"="号，激活公式编辑状态。

2. 单击 C6 单元格，引用其地址至公式中，继续输入"*"号，再单击 C7 单元格，引用其地址至公式中。单击"输入"按钮 ✓ 完成计算。

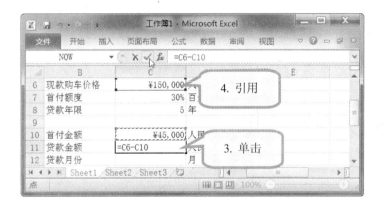

3. 单击 C11 单元格，在编辑栏中，输入"="号，激活公式编辑状态。

4. 单击 C6 单元格，引用其地址至公式中，继续输入"-"号，再单击 C10 单元格，引用其地址至公式中。单击"输入"按钮 ✓ 完成计算。

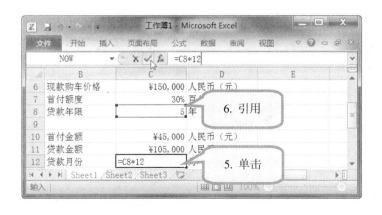

5. 单击 C12 单元格，在编辑栏中，输入"="号，激活公式编辑状态。

6. 单击 C8 单元格，引用其地址至公式中，继续输入"*"号，再输入"12"。单击"输入"按钮 ✓ 完成计算。

实例 13　制作贷款购车计算器

»☞插入 PMT 函数

PMT 函数属于财务类函数的一种，常用于计算在固定利率下，贷款的等额分期偿还额。PMT 函数共包含 Rate、Nper、Pv、Fv、Type 5 个参数，其中前 3 个参数非常重要。Rate 代表各期利率，利率/12 代表一个月的还款额；Nper 代表贷款期限，若 Rate 中计算的是一个月的还款额，那么此处需输入还款几个月；Pv 为贷款总额，因贷款是出账，为了阅读方便，可在其值前加负号。

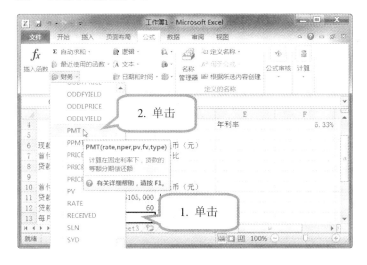

1. 单击 C13 单元格。

2. 单击"公式"选项卡→"函数库"组→"财务"按钮→"PMT"函数，打开"函数参数"对话框。

3. 设置"Rate"参数的值为"F4/12"。其中，F4 单元格为银行公布的年利率，此项需根据每年公布的实际情况而定。

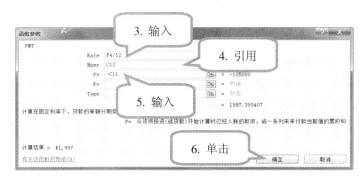

4. 设置"Nper"参数的值为"C12"。此处不需要输入，单击 C12 单元格即可完成引用。

5. 单击 C11 单元格，将其地址引用至"Pv"参数处，再在最前面输入负号。

6. 单击"确定"按钮完成函数设置。每月还款额会根据年利率、贷款时间和贷款金额的变化而变化。

»☞减少小数位

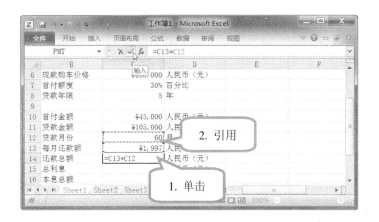

1. 单击 C14 单元格，在编辑栏中，输入"="号，激活公式编辑状态。

2. 单击 C13 单元格，引用其地址至公式中，继续输入"*"号，再单击 C12 单元格，引用其地址至公式中。单击"输入"按钮 ✓ 完成计算。

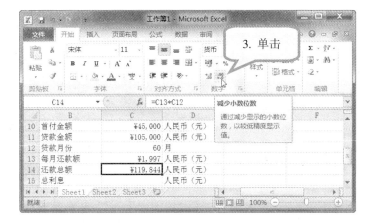

3. 单击"开始"选项卡→"数字"组→"减少小数位数"按钮。

4. 单击 C15 单元格，在编辑栏中，输入"="号，激活公式编辑状态。

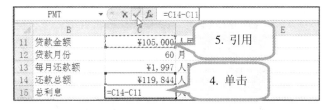

5. 引用 C14 单元格至公式中，继续输入"-"号，再引用 C11 单元格。单击"输入"按钮 ✓ 完成计算。

6. 单击 C16 单元格，在编辑栏中，输入"="号，激活公式编辑状态。

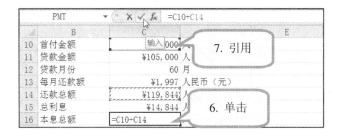

7. 引用 C10 单元格至公式中，继续输入"+"号，再引用 C14 单元格。单击"输入"按钮 ✓ 完成计算。

实例 13 制作贷款购车计算器

»☞添加总结语

至此，贷款购车所需数据已进行了计算，而为了更加清晰地展示计算结果，可将结果引用至醒目的位置，比如添加总结语。

1. 单击 B18 单元格，输入图中所示内容。

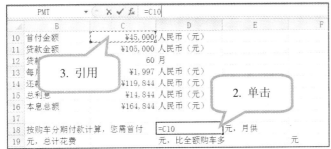

2. 单击 D18 单元格。

3. 输入"="号后，引用 C10 单元格地址的内容至活动单元格。

4. 单击 F18 单元格。

5. 输入"="号后，引用 C13 单元格地址的内容至活动单元格。

6. 单击 C19 单元格。

7. 输入"="号后，引用 C16 单元格地址的内容至活动单元格。

8. 单击 E19 单元格。

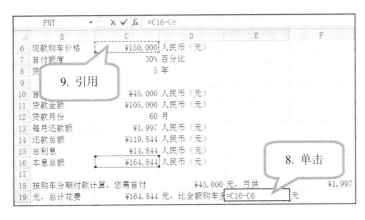

9. 输入"="号后，引用 C16 单元格，继续输入"-"号，再引用 C6 单元格地址的内容至活动单元格。按"Enter"键完成计算。

»☞ 定位单元格

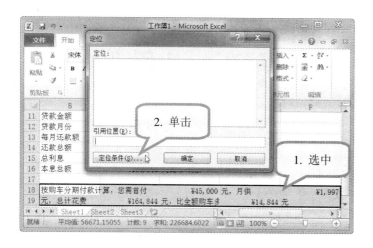

1. 选中 B18:F19 单元格，按组合键"Ctrl+G"定位单元格。

2. 单击"定位"对话框中的"定位条件"按钮。

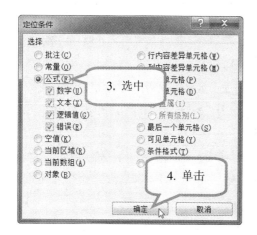

3. 在"定位条件"对话框中，选中"公式"项。

4. 单击"确定"按钮返回，并选中满足定位条件的单元格。

5. 设置选中单元格的字号为"14"号。

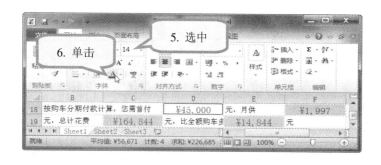

6. 单击"开始"选项卡→"字体"组→"字体颜色"按钮 A，按照默认设置将字体颜色设置为"红色"，对齐方式设置为"居中"。

插入形状

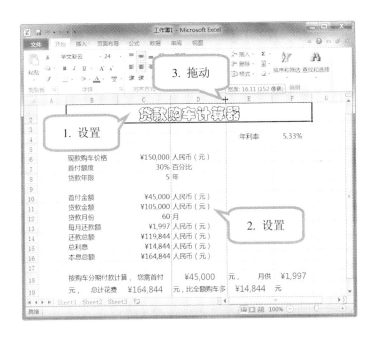

1. 选中 B2 单元格，设置表格标题字体为"华文彩云"，字号为"24"号。

2. 选中 A3:F19 单元格，设置正文字体为"微软雅黑"。

3. 将鼠标置于任意列列标的右侧，拖动鼠标适当调整列宽。

4. 单击"插入"选项卡→"插图"组→"形状"按钮 → "矩形"项，此时鼠标呈"+"形状。

5. 拖动鼠标自 B2 单元格的左上角至 F2 单元格的右下角，释放鼠标，完成形状的插入。

»☞ 美化形状

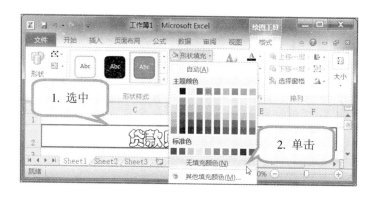

1. 选中上面插入的形状，激活"绘图工具"。

2. 单击"格式"选项卡→"形状样式"组→"形状填充"按钮，在下拉列表中，单击"无填充颜色"项。

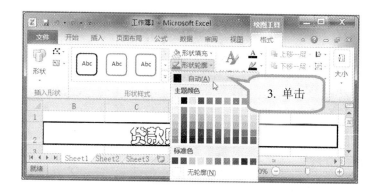

3. 单击"形状轮廓"按钮，在下拉列表中，单击"自动"项。

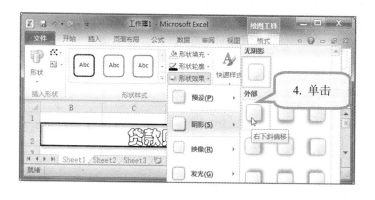

4. 单击"形状效果"按钮，在下拉列表中，单击"阴影"→"右下斜偏移"项。

美化边框

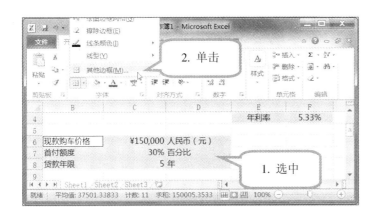

1. 选中 B6:D8 和 E4:F4 单元格。

2. 单击"开始"选项卡→"字体"组→"边框"按钮→"其他边框"项,打开"设置单元格格式"对话框。

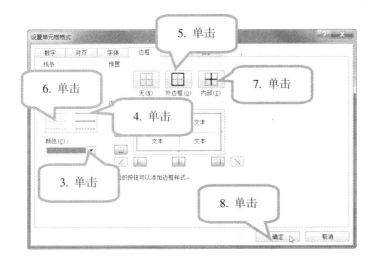

3. 在"边框"选项卡中,单击"颜色"栏下拉列表中的"绿色"。

4. 单击"线条样式"选择外边框样式。

5. 单击"外边框"按钮,为选中区域增加外边框。

6. 单击"线条样式"选择内部框线样式。

7. 单击"内部"按钮,为选中区域增加内部框线。

8. 单击"确定"按钮完成设置。

9. 选中 B10:B16 单元格,重复步骤 2~8,其中框线颜色改为"红色"。

»☞设置填充颜色

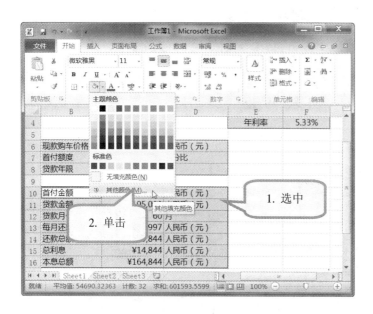

1. 按住"Ctrl"键，同时选中 E4:F4、B6:D8 和 B10:D16 单元格。

2. 单击"开始"选项卡→"字体"组→"填充"按钮右侧的箭头，在下拉列表中，单击"其他颜色"项。

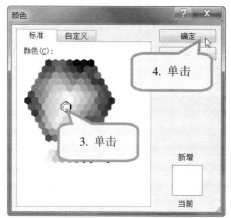

3. 在"颜色"对话框中，单击需要的颜色。

4. 单击"确定"按钮完成选中色彩的填充。

5. 选中 C6:C8 和 F4 单元格。

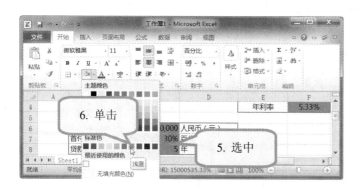

6. 单击"开始"选项卡→"字体"组→"填充"按钮右侧的箭头，在下拉列表中，单击"浅蓝"项。

»☞复制形状

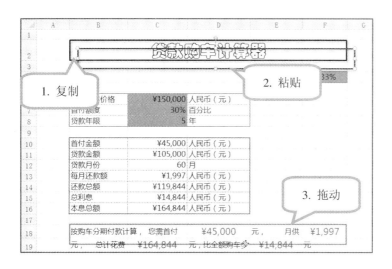

1. 选中矩形，按组合键"Ctrl+C"完成复制。

2. 按组合键"Ctrl+V"粘贴矩形。

3. 将粘贴后的矩形拖动至 B18:F19 单元格，并将鼠标置于矩形边缘，当鼠标呈"↖"形状时，拖动矩形改变其至合适的大小。

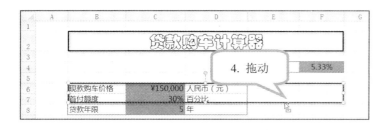

4. 选中表格标题四周的矩形，按住"Ctrl"键，当鼠标呈"↖"形状时，向下拖动至 B6:F7 单元格。

5. 将鼠标置于矩形边缘，当鼠标呈"↖"形状时，拖动矩形改变其至合适的大小，使矩形位于 E6:F16 区域。

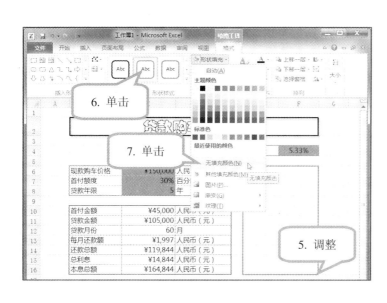

6. 选中位于E6:F16区域的矩形，单击"绘图工具"功能区→"格式"选项卡→"形状样式"组→"彩色轮廓-蓝色，强调颜色1"项。

7. 单击"形状填充"按钮→"无填充颜色"项。

»☞设置段落格式

在插入的自选图形中，可以增加文字内容，也可以为文字设置不同的格式。若文字数量与形状大小不匹配，可采用设置段落大小的方式，扩大或缩小行间距。

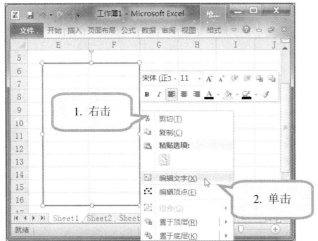

1. 右键单击矩形的边缘。

2. 在弹出的快捷菜单中，单击"编辑文字"命令，进入为形状添加文字的状态。

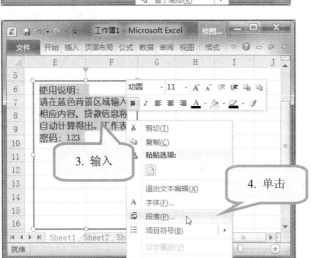

3. 输入图中所示文字。

4. 选中输入的文字，右键单击选中区域，在弹出的快捷菜单中，单击"段落"命令。

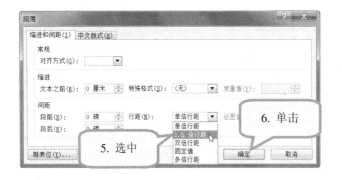

5. 在打开的"段落"对话框中，单击"行距"右侧的列表框，在下拉列表中选中"1.5 倍行距"项，设置行距。

6. 单击"确定"按钮完成设置。

»☞插入剪贴画

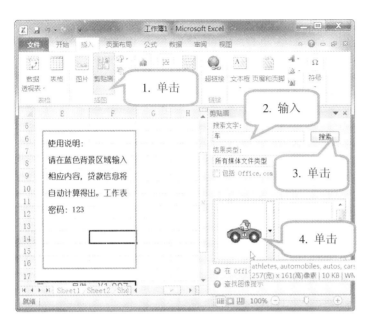

1. 单击"插入"选项卡→"插图"组→"剪贴画"按钮，在文档右侧出现"剪贴画"任务窗格。

2. 在"搜索文字"框中，输入需要的图片名称，如"车"。

3. 单击"剪贴画"任务窗格→"搜索"按钮，在窗格下方出现与名称相符的图片。

4. 在剪贴画预览区域，单击所需图形完成插入。

5. 调整插入的剪贴画的大小，并拖动其至合适的位置。

🔊 至此，本文档已基本设计完成，为了观察设计效果，可取消网格线。方法为：单击"视图"选项卡→"显示"组，默认状态下，Excel 为我们勾选"网格线"项，单击复选框，即可取消对其的勾选。

保护工作表

工作表设计完成后，若不希望他人进行修改，可为工作表设置保护措施，如加密。

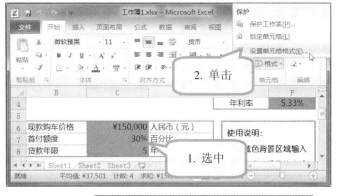

1. 选中 C6:C8 和 F4 单元格。

2. 单击"开始"选项卡→"单元格"组→"格式"按钮→"设置单元格格式"项。

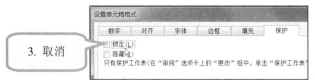

3. 在打开的"设置单元格格式"对话框中，单击"保护"选项卡→"锁定"项，取消对其的勾选。

4. 单击"审阅"选项卡→"更改"组→"保护工作表"按钮，显示"保护工作表"对话框。

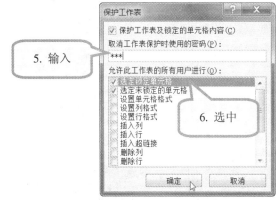

5. 输入密码，如"123"。

6. 选中"选定锁定单元格"项，同时自动选中"选定未锁定的单元格"项。单击"确定"按钮打开"确认密码"对话框。

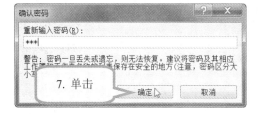

7. 再次输入密码后，单击"确定"按钮完成设置。

实例 13 制作贷款购车计算器

»☞保存为模板

Excel 提供了多种模板供用户使用，而当我们设计好一个 Excel 文档后，为了方便使用，同样可存储为模板，再次使用时与 Excel 本机自带模板的使用方法一致。

1. Excel 文档设计完成后，单击"快速启动工具栏"中的"保存"按钮，打开"另存为"对话框。

2. 单击"保存类型"右侧的箭头，在下拉列表中，选中"Excel 模板(*.xltx)"项。

3. 选择模板存取位置。

4. 输入模板名称，如"贷款购车计算器"。

5. 单击"保存"按钮完成模板的存储。双击该模板，将自动建立名为"贷款购车计算器 1"的文档，因工作表被保护，仅可以在未设置锁定的区域修改信息。

第3篇

Excel 2010 数据分析与管理

Excel 常用于工作表数据的分析与管理，通过将数据图形化、分类汇总和使用记录单等功能，更直观地显示数据，使数据的关系和趋势变得一目了然，从而简化了工作流程，提高了数据的分析与管理效率。

本篇内容：
实例 14　家庭收支情况分析
实例 15　儿童生长发育情况分析
实例 16　社区常住人口情况分析
实例 17　个人血压跟踪报告

通过以上 4 个实例，将学会在 Excel 2010 中创建图表、使用图表或数据透视表分析数据以及使用记录单和分类汇总管理数据等工作，包括：
1. 创建图表和图表元素设计。
2. 使用数据记录单管理数据。
3. 使用数据分组查看数据。
4. 使用分类汇总统计数据。
5. 创建数据透视表和数据透视图。
6. 使用模板自动生成图表。

实例 14　家庭收支情况分析

☞ 学习情境

小张根据做好的家庭收支情况预算,根据每月的实际情况记录了收入和开支金额,半年后,他认为自己有必要对实际的收支情况做分析,并通过图表分析开支情况,最后将分析结果打印,为今后制定切实可行的收支预算做参考。

☞ 编排效果

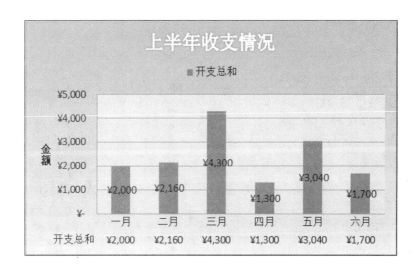

☞ 掌握技能

通过本实例,将学会以下技能:
- 创建图表。
- 切换行/列。
- 为图表增加标题、标签等元素。
- 设置图表格式并打印图表。

实例 14　家庭收支情况分析

»☞另存文档

数据分析可以录入新数据，也可参照之前统计的数据。为了保护数据的完整性，在分析某个文档数据时，可先将其另存为其他文档，另存后的数据不发生改变。

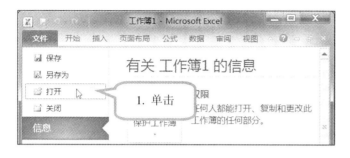

1. 启动 Excel 程序，单击"文件"选项卡→"打开"命令。

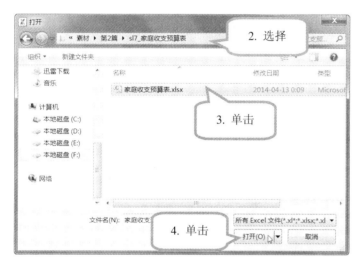

2. 在"打开"对话框中，选择文档所在的位置，此处选择的是实例 7 中的家庭收支预算表。

3. 单击"家庭收支预算表.xlsx"。

4. 单击"打开"按钮，打开"家庭收支预算表"。

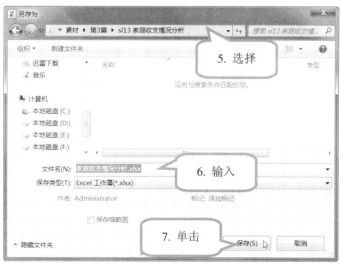

5. 单击"文件"选项卡→"另存为"命令，在"另存为"对话框中，选择新文档的存储位置。

6. 在"文件名"右侧的编辑框中，输入新文档的名称"家庭收支情况分析"。

7. 单击"保存"按钮。

»☞快速重命名工作表

另存文档包括原文档所有工作表的数据，因此，在"家庭收支情况分析.xlsx"文档中，工作表 Sheet1 和 Shee2 都存在数据，本实例的分析对象就是 Shee2 中的数据。

为了便于区分，现将 Sheet1 和 Shee2 分别重命名。对工作表重命名有三种方法：双击工作表名称方式、快捷菜单方式、快捷键方式，此例中使用快捷键方式。

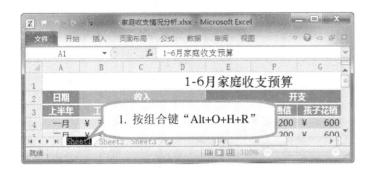

1. 单击"Sheet1"工作表，按组合键"Alt + O + H + R"，工作表名称进入编辑状态。

2. 输入工作表新名称"1-6月家庭收支预算"。

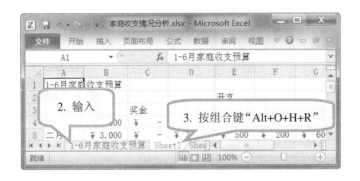

3. 单击"Sheet2"工作表，按组合键"Alt + O + H + R"，工作表名称进入编辑状态。

4. 输入工作表新名称"1-6月家庭收支情况"。

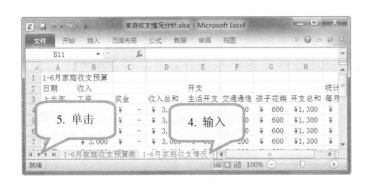

5. 工作表重命名后，标签栏会根据名称长度隐藏部分工作表的显示，可单击标签栏左侧的方向按钮 ◀、▶ 进行调整，以便查看。

实例14 家庭收支情况分析

»☞修改数据

对数据进行分析的过程中，往往存在一些无法满足分析条件的单元格，如格式错误、引用非法数据、空白单元格等，因此在分析前需要修改数据以满足要求。

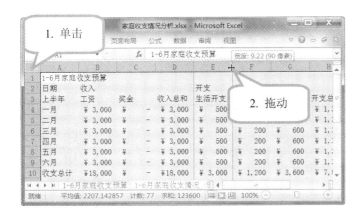

快捷设置列宽

1. 在"1～6月家庭收支情况"工作表中，单击"全选"按钮选中需要设置的列。

2. 将鼠标置于选中行任意列号的右方，当鼠标呈"╋"形状时，向右拖动增大列宽，向左拖动减小列宽，同时出现目前列宽大小的文字提示："宽度：9.22(90像素)"。

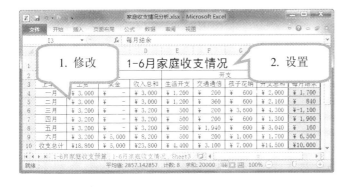

1. 按照1～6月家庭收支的实际情况，对数据进行修改。公式正确的情况下，引用单元格的值发生变化，公式的值也会随之改变。

2. 设置所有数据居中显示，标题字体为"黑体"、"20"号。

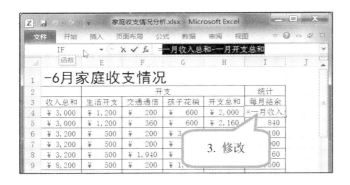

3. 单元格名称无法被复制，单元格I4由于引用了固定单元格名称的值，而此时此单元格名称不存在，导致公式错误。因此，修改I4单元格的公式为"D4-H4"。

»☞优化公式

数据分析时需要结合实际情况,如本例中,每月结余应为每月的收入总和减去每月的开支总和,而当开支大于收入时,是否还存在结余呢?根据此思路需要对每月结余的公式做如下优化:

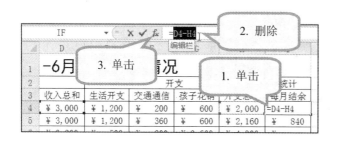

1. 单击 I4 单元格。

2. 选中编辑栏现有运算公式,按"Delete"键删除。

3. 单击编辑栏插入函数按钮 f_x,选择"IF"函数,打开"函数参数"对话框。

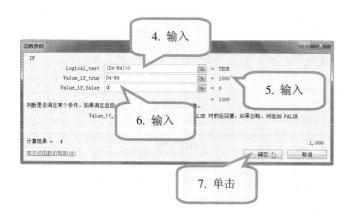

4. 在"Logical_test"参数后,输入"(D4-H4)>0"。

5. 在"Value_if_true"参数后,输入"D4-H4"。

6. 在"Value_if_false"参数后,输入"0"。

7. 单击"确定"按钮完成输入。

8. 选中 I4:I10 单元格。

9. 按组合键"Ctrl+D"完成快速向下填充。

实例 14 家庭收支情况分析

»☞创建图表

Excel 2010 具有许多高级的制图功能，同时使用起来也非常简便。下面就根据之前修改好的数据，创建一张图表。

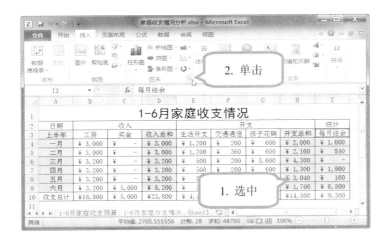

1. 选中创建图表需要的数据，如 A3:A9、D3:D9、H3:H9 和 I3:I9 单元格。如需多选，在选择的同时需按住"Ctrl"键。

2. 单击"插入"选项卡→"图表"组右侧的"功能扩展"按钮，打开"插入图表"对话框。

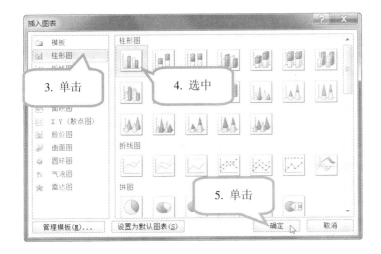

3. 单击"柱形图"项。

4. 在右侧的图表预览区域中，选中"簇状柱形图"。

5. 单击"确定"按钮完成图表的创建。

»☞切换行/列

根据选择的数据区域生成图表后，Excel自动认定包含汉字的列为水平（分类）轴，包含数字的列为系列，系列值在纵向轴中体现。

如果生成的图表和实际情况不符，可通过"切换行/列"功能来实现。

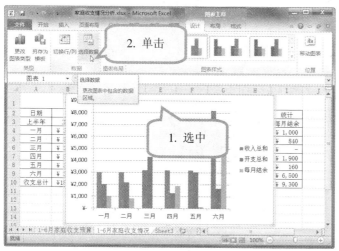

1. 将鼠标置于图表的空白处，单击选中图表，激活"图表工具"工具栏。

2. 单击"设计"选项卡→"数据"组→"选择数据"按钮，打开"选择数据源"对话框。

3. 单击"切换行/列"按钮，则左边的系列名称和右边的分类名称互相交换。

4. 单击"确定"按钮返回。

🔊 "切换行/列"也可以通过单击"设计"选项卡→"数据"组→"切换行/列"按钮实现。

实例14 家庭收支情况分析

»☞添加图表标题

默认情况下，创建好的图表没有标题，为了增强图表功能的可读性，可使用"添加图表标题"功能，自定义添加标题。

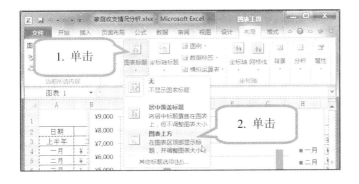

1. 选中图表，单击"图表工具"栏→"布局"选项卡→"标签"组→"图表标题"按钮。

2. 在下拉列表中，单击"图表上方"项，在图表区顶部插入标题。

3. 在图表标题区域，输入"上半年收支情况"。

4. 单击"布局"选项卡→"当前所选内容"组→"设置所选内容格式"按钮，打开"设置图表标题格式"对话框。

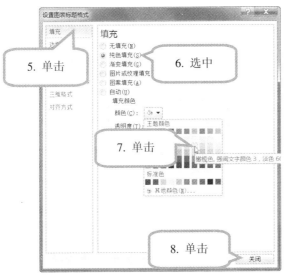

5. 单击"填充"项。

6. 在"填充"方式中，选中"纯色填充"项。

7. 单击"颜色"按钮→"橄榄色，强调文字颜色3，淡色60%"，设置标题填充色。

8. 单击"关闭"按钮完成设置。

193

»☞添加坐标轴标题

在图表中,坐标轴分为横坐标轴和纵坐标轴,对坐标轴标题进行清晰的定义,有助于直观地理解坐标描述的数据。

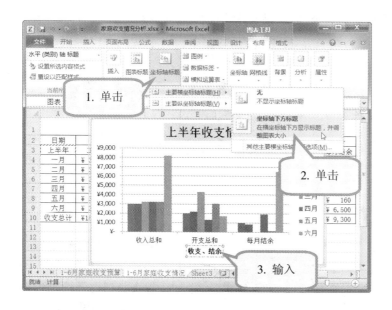

1. 选中图表,单击"图表工具"栏→"布局"选项卡→"标签"组→"坐标轴标题"按钮。

2. 在下拉列表中,单击"主要横坐标轴标题"→"坐标轴下方标题"项,确定添加横坐标轴标题的类别和位置。

3. 在横坐标轴标题位置,输入"收支、结余"。

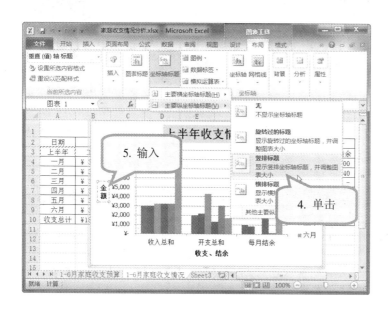

4. 单击"坐标轴标题"按钮→"主要纵坐标轴标题"→"竖排标题"项,确定添加纵坐标轴标题的类别和位置。

5. 在纵坐标轴标题位置,输入"金额"。

»☞ 显示或隐藏图例

图表根据选择的数据生成图例,图例名称即为系列的名称。可根据需要设置、显示或隐藏图例。隐藏后的图例仅名称不再显示,而系列本身不发生变化。

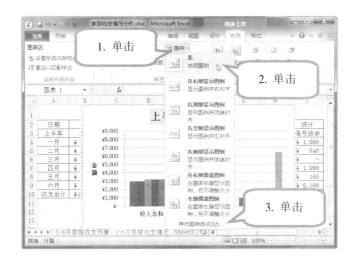

1. 选中图表,单击"图表工具"栏→"布局"选项卡→"标签"组→"图例"按钮。

2. 在下拉列表中,存在许多预设的图例位置,单击"无"项,关闭图例。

3. 如果需要显示图例,则重复步骤 1,在下拉列表中,单击"其他图例选项"项,显示"设置图例格式"对话框。

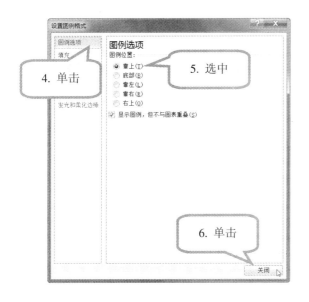

4. 单击"图例选项"项。

5. 在"图例位置"栏选中"靠上"项。

6. 单击"关闭"按钮完成设置。

修改数据源

在数据分析的过程中，往往需要变更数据的选择范围，此时可通过修改数据源功能实现。

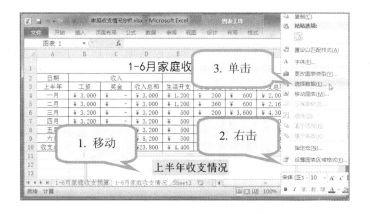

1. 选中图表，将其移动至数据表的下方。

2. 右键单击图表空白处，弹出快捷菜单。

3. 单击"选择数据"命令，打开"选择数据源"对话框。

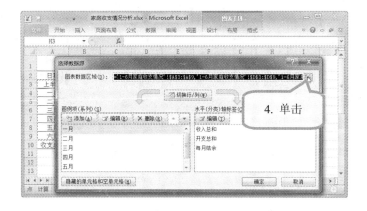

4. 单击"图表数据区域"右侧的"选择数据"按钮 。

5. 拖动鼠标选择 A3:A9 和 H3:H9 单元格，再次单击右侧的"选择数据"按钮 返回"选择数据源"对话框。

6. 单击"确定"按钮完成设置。

实例14 家庭收支情况分析

»☞添加数据标签

为了更加清晰地描述图表中各项的值，可添加数据标签，标明各系列明确的数值。

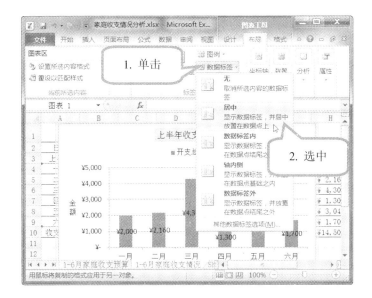

1. 选中图表，单击"图表工具"功能区→"布局"选项卡→"标签"组→"数据标签"按钮。

2. 在下拉列表中，单击"居中"项，确定添加数据标签的位置。

🔊 默认情况下，数据标签仅包括系列的数值，如果还需要其他信息，可进行如下设置。

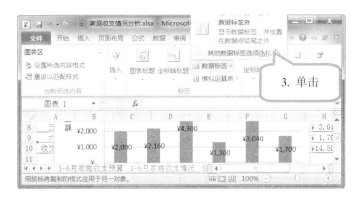

3. 单击"数据标签"按钮→"其他数据标签选项"项，打开"设置数据标签格式"对话框。

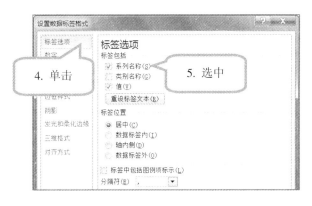

4. 单击"标签选项"项。

5. 在"标签包括"项中，选中"系列名称"和"值"。单击"关闭"按钮完成设置。

197

»☞增加模拟运算表

模拟运算表将在图表的下方增加一个以分类为列、系列为行的表格，该表格的数据与图表的形状会随工作表中原始数据的变化而变化，可实时观察和分析数据。

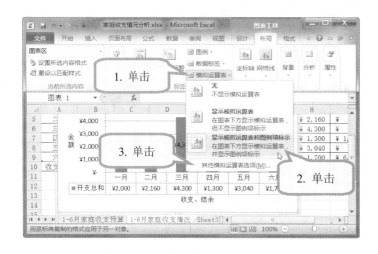

1. 选中图表，单击"图表工具"功能区→"布局"选项卡→"标签"组→"模拟运算表"按钮。

2. 在下拉列表中，单击"显示模拟运算表和图例项标示"项，显示模拟运算表和图例。

3. 如需要对模拟运算表进一步设置，可单击"模拟运算表"按钮→"其他模拟运算表选项"，打开"设置模拟运算表格式"对话框。

4．单击"模拟运算表选项"项。

5. 在"表边框"栏中，单击"水平"、"垂直"和"分级显示"前的复选框，取消其勾选状态。

6. 单击"显示图例项标示"前的复选框，取消其勾选状态。

7. 单击"关闭"按钮完成设置。

实例14　家庭收支情况分析

»☞设置绘图区格式

图表包含的元素类别较多，如图表区、绘图区、图表标题、图例等，若希望对某个元素进行设置，除了在图表区中单击元素选中外，还可以在"当前所选内容"组中快速选中。

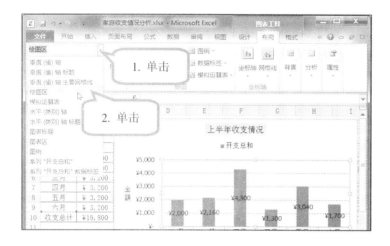

1. 选中图表，单击"图表工具"功能区→"布局"选项卡→"当前所选内容"组→"图表元素"列表框。

2. 在下拉列表中，单击"绘图区"项。

3. 单击"当前所选内容"组→"设置所选内容格式"按钮，打开"设置绘图区格式"对话框。

4. 单击"填充"项。

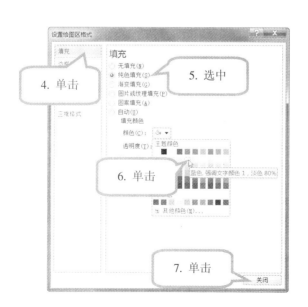

5. 在"填充"方式中，选中"纯色填充"。

6. 单击"颜色"按钮→"蓝色，强调文字颜色 1，淡色 80%"，设置绘图区填充色。

7. 单击"关闭"按钮完成设置。

☞ 设置图表区格式

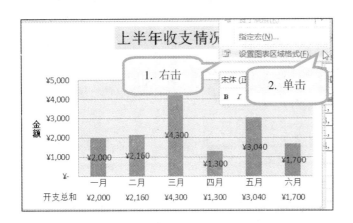

1. 右键单击图表的空白区域，显示快捷菜单。

2. 单击"设置图表区域格式"命令，打开"设置图表区格式"对话框。

3. 单击"填充"项。

4. 在"填充"方式中，选中"渐变填充"，应用默认设置。

5. 单击"关闭"按钮完成设置。

6. 单击图表标题，选中标题元素。

🔊 根据图表区的色彩，设置标题样式，以匹配主题。

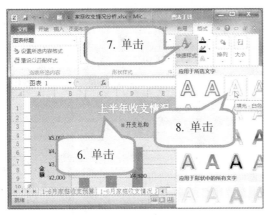

7. 单击"图表工具"功能区→"格式"选项卡→"艺术字样式"组→"快速样式"按钮。

8. 在下拉列表中，单击"填充-白色，投影"项。

»☞仅打印图表

图表设置完成后,若希望仅打印图表,可进行以下操作。

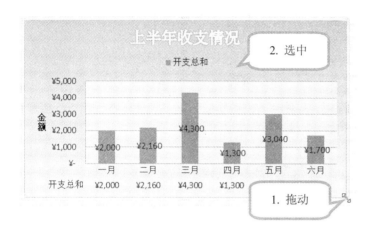

1. 将鼠标置于图表的边缘区域,如右下方,当鼠标呈"✥"形状时,向左上方拖动,可变更图表大小。

2. 选中图表。

3. 单击"文件"选项卡→"打印"命令。

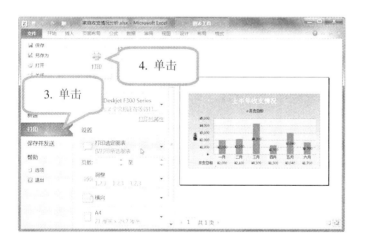

🔊 在"设置"栏中,默认选择打印区域为"打印选定图表",打印方向为"横向"。

4. 若不需要其他的设置,可单击"打印"按钮进行打印。

实例 15　儿童生长发育情况分析

☞ 学习情境

体重和身高反映了孩子营养状况的好坏，也是生长发育是否良好的重要评价指标。如果孩子在某个阶段体重不增或增长缓慢，或体重下降或增长过速，或身高不长或增长缓慢，均可能是疾病或某些异常情况的信号。

祥和社区门诊部每年都为小区内的孩子量体重和身高，并记录和分析相关数据，以年龄为分类生成多种图表，以儿童生长发育报告的形式呈现给家长，与家长一起关爱孩子的成长。

☞ 编排效果

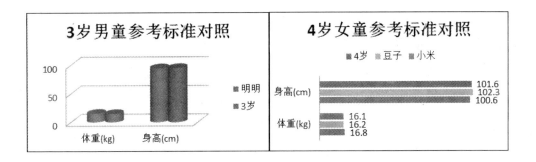

☞ 掌握技能

通过本实例，将学会以下技能：
- 使用数据记录单。
- 创建组以及分级显示。
- 对数据进行分类汇总。
- 创建多个图表。
- 快速布局。
- 移动图表。

实例 15　儿童生长发育情况分析

»☞新建与录入

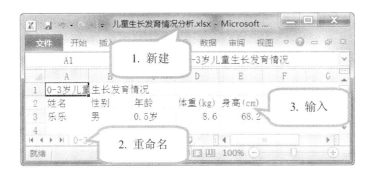

1. 新建名为"儿童生长发育情况分析"的 Excel 文档。

2. 双击"Sheet1"工作表标签，当工作表标签呈黑底白字时，输入"0-3岁"重命名工作表。

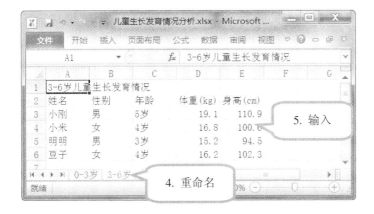

3. 在 A1 单元格中输入"0-3 岁儿童生长发育情况"；选中 A2：E2 单元格，依次输入"姓名"、"性别"、"年龄"、"体重(kg)"和"身高(cm)"，每输入一个单元格，可按"Enter"键进入下一个单元格。

4. 双击"Sheet2"工作表标签，将其重命名为"3-6岁"。

5. 参照步骤 3 的方法，输入图中所示数据。

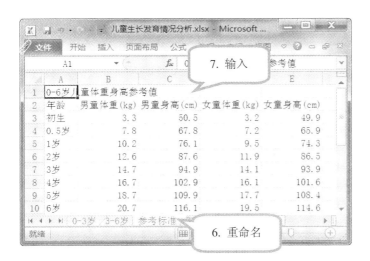

6. 双击"Sheet3"工作表标签，将其重命名为"参考标准"。

7. 参照步骤 3 的方法，输入图中所示数据。

203

»☞添加记录单命令按钮

在大型工作表中，修改、查询数据非常不方便，使用记录单操作工作表中的数据，能极大地提高使用效率。默认情况下，"记录单"功能未显示，需要将其添加至 Excel 的快速启动栏中。

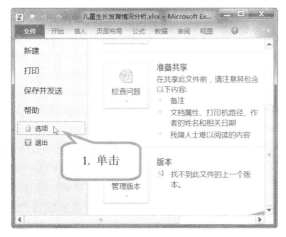

1. 单击"文件"选项卡→"选项"命令，打开"Excel 选项"对话框。

2. 单击"快速访问工具栏"项。

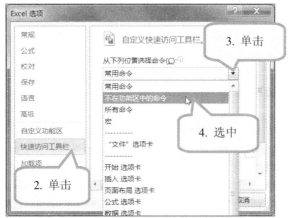

3. 单击"从下列位置选择命令"列表框右侧的箭头。

4. 在下拉列表中，选中"不在功能区中的命令"项。

5. 拖动滑动条，选中"记录单"项。

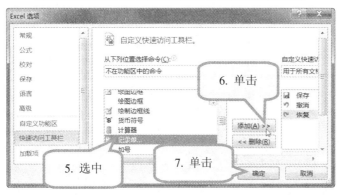

6. 单击"添加"按钮添加至"快速访问工具栏"。

7. 单击"确定"按钮返回工作表。

☞使用记录单新建记录

在 Excel 中，若数据量较大，执行插入一行新记录时，需频繁切换数据，而"记录单"命令可在小窗口中完成记录的新建工作。

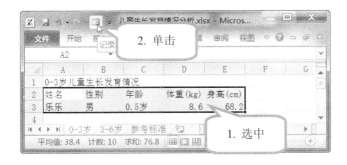

1. 在"0-3 岁"工作表中，选中 A2:E3 单元格。

2. 单击"快速启动栏"→"记录单"命令，打开"0-3 岁"记录单对话框。

3. 单击"新建"按钮新建记录。

4. 依次在字段名称右侧的编辑框中，输入数据。

5. 单击"上一条"按钮查看上一条记录。此时，记录单标明工作表中有两条记录。

6. 单击"关闭"按钮返回工作表，完成记录的新建。

»☞创建组

当工作表的数据需要进行组合或汇总时，可以创建分级显示。使用分级显示可快速显示每组的明细数据。可创建行的分级显示、列的分级显示或者行和列的分级显示。执行分级显示之前，应先对数据进行排序，并为指定字段相同的值创建组。

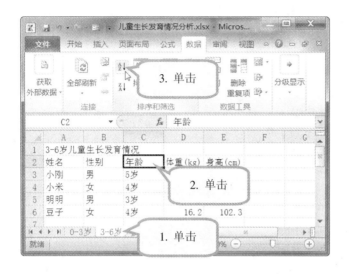

1. 单击"3-6 岁"工作表标签。

2. 单击 C2 单元格。

3. 单击"数据"选项卡→"排序和筛选"组→"升序"按钮，按年龄的大小升序排列记录。

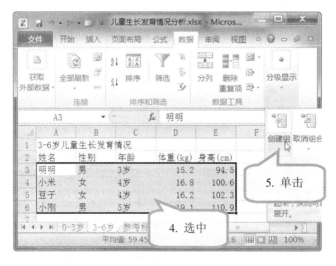

4. 选中 A3:E6 单元格。

5. 单击"数据"选项卡→"分级显示"组→"创建组"按钮→"创建组"项，打开"创建组"对话框。

6. 选中"行"项，表示横向建立分组。

7. 单击"确定"按钮完成组的创建。

»☞创建分级显示

以上操作完成了一个组的创建，要实现数据的分级显示，需对所有满足指定字段的数据进行分组，每组一级，最多为八个级别。

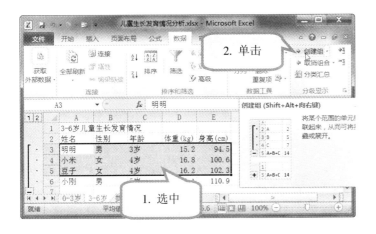

1. 在一级分组建立成功的基础上，选中 A3:E5 单元格。

2. 单击"数据"选项卡→"分级显示"组→"创建组"按钮，创建二级分组。

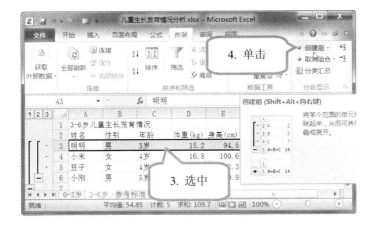

3. 选中 A3:E3 单元格。

4. 再次单击"数据"选项卡→"分级显示"组→"创建组"按钮，创建三级分组。

5. 创建分组完成后，可在工作表左侧的分级显示区单击 ▬ 隐藏某组数据，需要查看时，单击 ＋ 恢复查看。

»☞ 对数据分类汇总

Excel 提供的分类汇总功能可对指定字段的数据执行自动运算的操作，避免多次运算的重复工作，而且可以利用分级显示来方便地查看统计结果。

执行分类汇总功能之前，应先对数据清单进行排序，将指定字段相同的值组合归类在一起，当分类汇总时，就可分别对各个组合执行运算。分类汇总与分级显示最大的区别就是汇总运算。

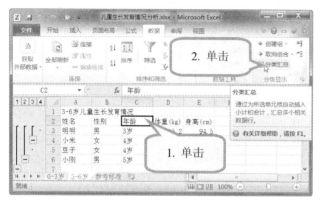

1. 单击 C2 单元格，并确保该列已升序排序。

2. 单击"数据"选项卡→"分级显示"组→"分类汇总"按钮，打开"分类汇总"对话框。

3. 在"分类字段"的下拉列表中，选中"年龄"字段。

4. 在"汇总方式"的下拉列表中，选中"计数"方式。

5. 单击"选定汇总项"下方的复选框，选中"年龄"项，表示根据年龄的大小分组，并汇总每个年龄组成员的人数。

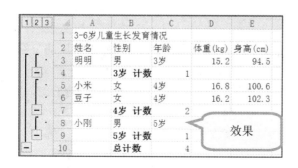

6. 单击"确定"按钮返回工作表。

»☞为分散数据区域创建图表

当数据和字段在连续区域时,创建图表的同时会生成相应的分类和系列名称;而当数据和字段分散在工作表的各个位置时,可先建立图表,再编辑分类和系列名称完善图表。

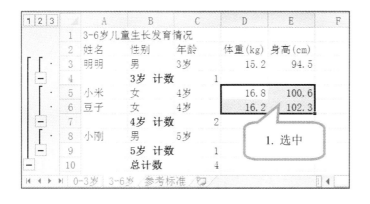

1. 选中 D5:E6 单元格。

2. 单击"插入"选项卡→"图表"组→"条形图"按钮。

3. 在下拉列表中,选中"二维条形图"项,创建图表。由于未确定分类和系列的名称,Excel 将自动命名,如"系列1"。

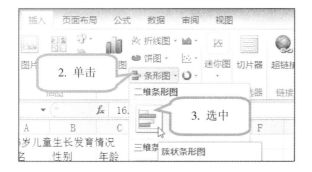

4. 将鼠标置于图表空白处,当鼠标呈"✥"形状时,向右拖动图表至工作表空白区域。

»☞设置图表大小

图表创建成功后，往往需要根据选择数据的多少，调整图表至合适的大小。

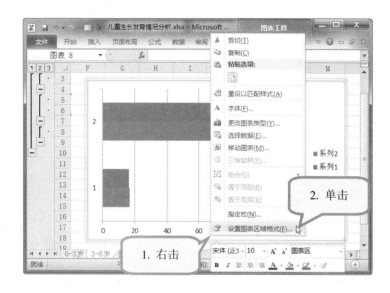

1. 右键单击图表空白区域，打开快捷菜单。

2. 单击"设置图表区域格式"命令，打开"设置图表区格式"对话框。

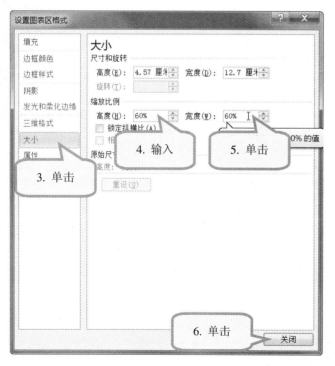

3. 单击"大小"项。

4. 在"缩放比例"栏中，输入高度比例为"60%"。

5. 单击"宽度"右侧的编辑框，自动应用比例。

6. 单击"关闭"按钮完成设置。

实例 15 儿童生长发育情况分析

»☞编辑系列名称

1. 右键单击图表空白区域，打开快捷菜单。

2. 单击"选择数据"命令，打开"选择数据源"对话框。

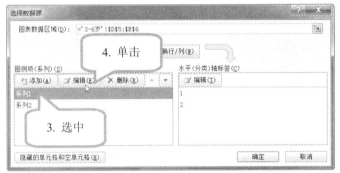

3. 在"图例项（系列）"栏中，选中"系列1"。

4. 单击"编辑"按钮，打开"编辑数据系列"对话框。

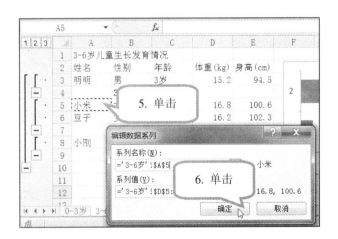

5. 返回工作表，单击 A5 单元格，此时自动填充"编辑数据系列"对话框→"系列名称"框，内容为"="3-6 岁"!$A$5"。

🔊 此时表示使用绝对引用，引用了"3-6"岁工作表中 A5 单元格的值"小米"作为系列名称。

6. 单击"确定"按钮完成编辑。

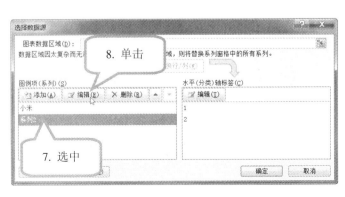

7. 返回"选择数据源"对话框，选中"系列2"。

8. 单击"编辑"按钮，设置系列名称为""="3-6 岁"!$A$6"。接下来设置系列名称。

211

☞ 编辑分类名称

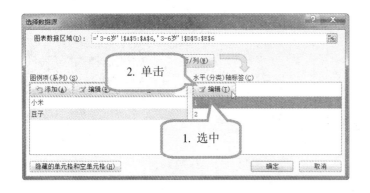

1. 在"水平（分类）轴标签"栏中，选中"1"。

2. 单击"编辑"按钮，打开"轴标签"对话框。

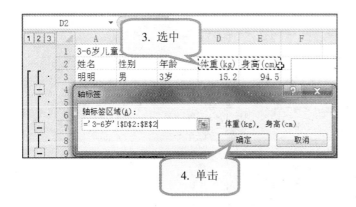

3. 拖动鼠标选中 D2:E2 单元格。

4. 单击"确定"按钮返回"选择数据源"对话框，再单击"确定"按钮返回图表。

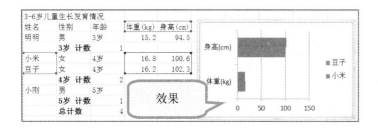

🔊 单击图表，查看设计效果。在工作表中，观察到 Excel 用不同颜色的矩形标识了图表引用的单元格的位置。如果需要修改，可将鼠标置于矩形四角的任意位置，拖动修改引用区域。

»☞为图表添加不同工作表数据

同一工作表的数据可通过以上方法添加至图表，而不同工作表的数据则需要按以下方法来操作。

1. 打开"选择数据源"对话框，在"图例项（系列）"栏中单击"添加"按钮，打开"编辑数据系列"对话框。

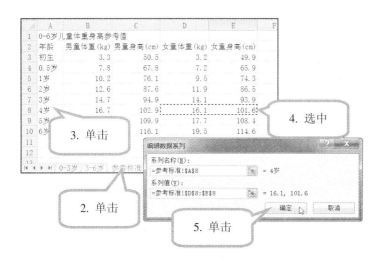

2. 将鼠标置于"编辑数据系列"对话框→"系列名称"编辑栏，单击"参考标准"工作表。

3. 单击 A8 单元格。

4. 将鼠标置于"编辑数据系列"对话框→"系列值"编辑栏，删除其中的数据，再选中 D8:E8 单元格。

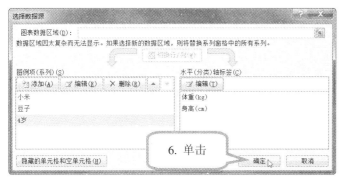

5. 单击"确定"按钮返回"选择数据源"对话框。

6. 单击"确定"按钮返回图表。

»☞应用快速布局

Excel 提供了多种图表布局方案，通过应用快速布局，可一次性添加图表标题、图例、数据标签等元素。

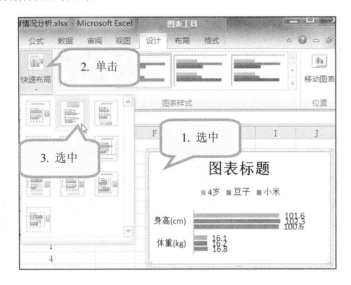

1. 单击图表空白区域选中图表。

2. 单击"图表工具"功能区→"设计"选项卡→"图表布局"组→"快速布局"按钮。

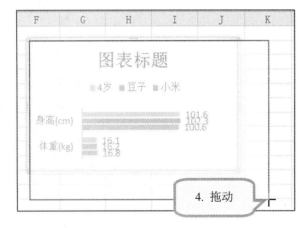

3. 在下拉列表中，选中"布局2"。

4. 将鼠标置于图表的右下方，拖动图表至合适大小。

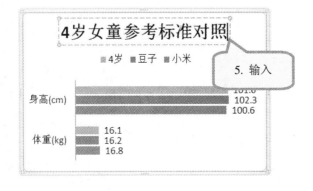

5. 单击"图表标题"，输入"4岁女童参考标准对照"。

»☞在同一工作表中创建多个图表

对同一工作表的不同数据进行分析，往往需要建立多个图表，可使用不同图表类型对相同数据进行分析，也可使用相同图表类型对不同数据进行分析，图表的创建方法相同。

1. 选中 D3:E3 单元格。

2. 单击"插入"选项卡→"图表"组→"柱形图"按钮。

3. 在下拉列表中，单击"簇状圆柱图"项创建图表。

4. 分别设置图表的分类名称、系列名称、图表标题，并将其调整至合适的大小。

5. 右键单击图表的空白区域，打开快捷菜单。

6. 单击"复制"命令复制图表。

7. 右键单击工作表的任意位置，如 G12 单元格。

8. 在打开的快捷菜单中，单击"粘贴选项"→"使用目标主题"项，完成第三个图表的建立。

修改图表数据

复制得到的图表，需要修改其中的数据，过程与编辑系列名称和分类名称的过程相似。

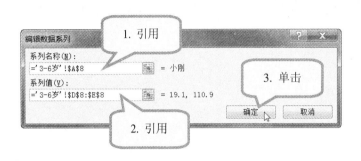

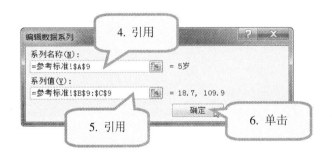

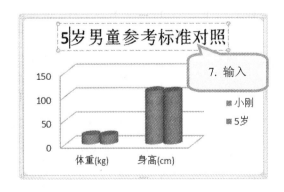

🔊 选中第三个图表，打开"选择数据源"对话框，选中系列名"明明"，单击"编辑"按钮，打开"编辑数据系列"对话框。

1. 引用"3-6 岁"工作表中 A8 单元格的值作为系列名称。
2. 引用"3-6 岁"工作表中 D8:E8 单元格的值作为系列值。
3. 单击"确定"按钮返回"选择数据源"对话框。

🔊 选中系列名"3 岁"，单击"编辑"按钮，打开"编辑数据系列"对话框。

4. 引用"参考标准"工作表中 A9 单元格的值作为系列名称。
5. 引用"参考标准"工作表中 B9:C9 单元格的值作为系列值。
6. 单击"确定"按钮返回"选择数据源"对话框。
7. 单击"图表标题"，输入"5 岁男童参考标准对照"。

»☞更改图表类型

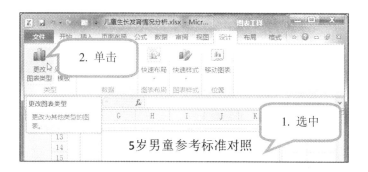

1. 选中"5岁男童参考标准对照"图表。

2. 单击"图表工具"功能区→"设计"选项卡→"类型"组→"更改图表类型"按钮,打开"更改图表类型"对话框。

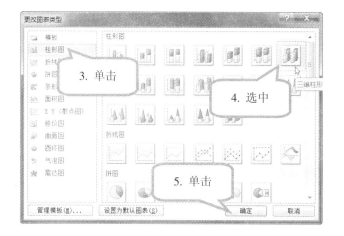

3. 单击"柱形图"项。

4. 选中"三维柱形图"。

5. 单击"确定"按钮返回图表。

应用快速样式

图表的快速样式中,提供了多种综合样式,包括图表区、绘图区、图例等色彩的填充和搭配。三维图表需要设计样式的区域较多,更适合应用快速样式。

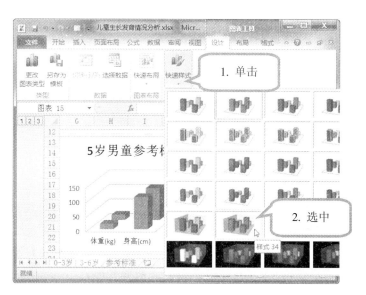

1. 选中图表,单击"图表工具"功能区→"设计"选项卡→"图表样式"组→"快速样式"按钮。

2. 在下拉列表中,选中"样式34"应用样式。

»☞移动图表

当同一个工作表中包含太多图表时,将不利于分析和管理,此时可将部分图表移动至其他工作表。

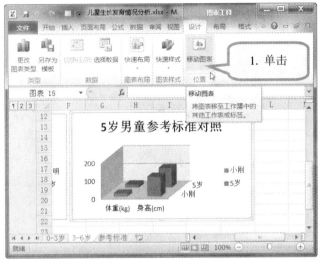

1. 选中图表,单击"图表工具"功能区→"设计"选项卡→"位置"组→"移动图表"按钮,打开"移动图表"对话框。

2. 选中"新工作表"项。

3. 输入新工作表名称"5岁男童"。

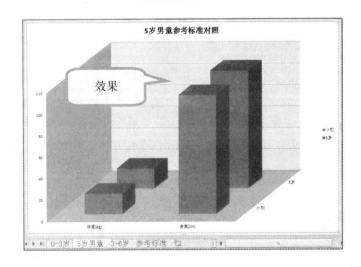

4. 单击"确定"按钮返回新工作表。

结论:
　　观察发现,在"3-6岁"工作表标签的左侧插入了新工作表。返回"3-6岁"工作表中已经无"5岁男童参考标准对照"图表。

实例16　社区常住人口情况分析

☞ 学习情境

社区办事处要求秘书小李制作中秋节活动方案，为了丰富方案内容，使阅读方案的人能够清晰明了地查看数据，小李决定将方案中有关人员情况分析的部分使用图表的方式呈现给大家。

☞ 编排效果

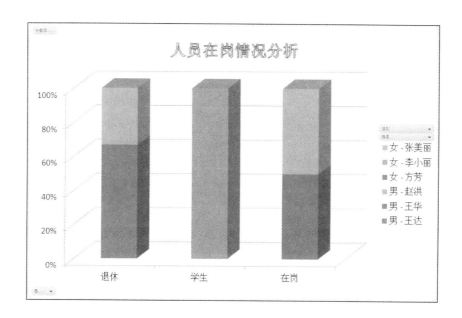

☞ 掌握技能

通过本实例，将学会以下技能：
- 创建与更新数据透视表。
- 改变数据透视表的布局。
- 使用切片器查看数据。
- 创建数据透视图。

»☞取消隐藏

Excel 数据表中有时会包含隐藏数据，行或列被隐藏后，其行号或列号将不再连续，如果需要再次查看隐藏数据，则需进行取消隐藏的操作。

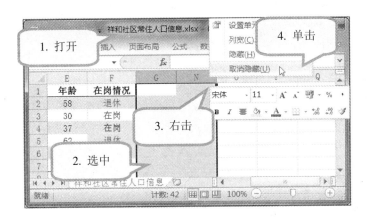

1. 打开实例 9 中建立完成的"祥和社区常住人口信息"表。

2. 选中列 G:N。

3. 在选中区域的空白位置，右键单击打开快捷菜单。

4. 单击"取消隐藏"命令取消隐藏的数据。整理显示后的数据，删除不需要的行和列，如行 9 和列 G。

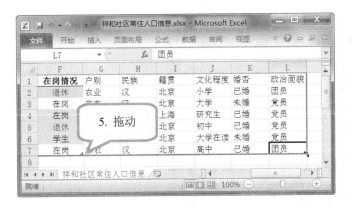

5. 将鼠标置于 F7 单元格的右下方，当鼠标呈"✥"形状时，向右拖动至 L7 单元格，应用表格套用的格式。

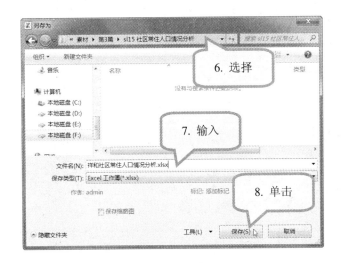

6. 单击"文件"选项卡→"另存为"命令，打开"另存为"对话框，选择工作簿的另存位置。

7. 在"文件名"栏中输入"祥和社区常住人口情况分析"。

8. 单击"保存"按钮返回到另存的工作簿。

实例 16　社区常住人口情况分析

»☞创建数据透视表

数据透视表是一种可以轻松排列和汇总复杂数据的交互式工具。使用数据透视表可以从不同角度出发，汇总信息、分析结果以及摘要数据。

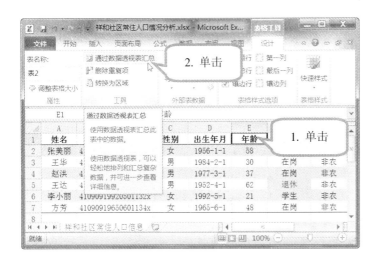

1. 单击工作表中表或数据区域的任意位置，选中需要创建数据透视表进行分析的表或数据区域。

2. 单击"表格工具"功能区→"设计"选项卡→"工具"组→"通过数据透视表汇总"按钮。

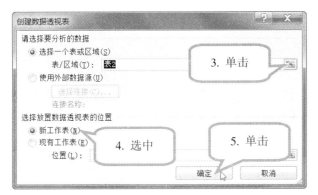

3. 在打开的"创建数据透视表"对话框中，"选择一个表或区域"项已被自动选中，如需更改，可单击"选取"按钮，更改数据范围。

4. 选中"新工作表"项，将其作为放置数据透视表的位置。

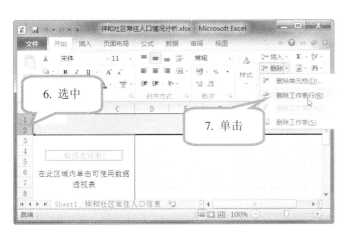

5. 单击"确定"按钮，并在Sheet1中创建一个空白数据透视表。

6. 选中第一和第二行。

7. 单击"开始"选项卡→"单元格"组→"删除"按钮→"删除工作表行"项。

221

»☞添加数据透视表字段

工作表 Sheet1 中为数据透视表的报表生成区域，其分析结果会根据选择字段的不同实时更新。单击报表区域激活"数据透视表字段列表"栏，在其中设置报表所需的字段。

"行标签"项的每个字段成为一行，"列字段"项的每个字段成为一列，"数值"项将自动计算包含字段的汇总信息，"报表筛选"区域可选择字段相关的内容实现报表筛选。

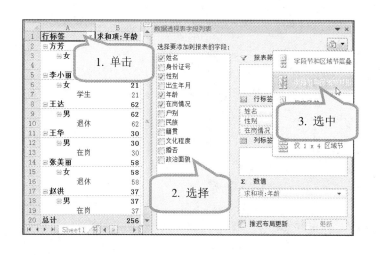

1. 单击 A1 单元格。

2. 选择要添加到报表的字段："姓名"、"性别"、"年龄"和"在岗情况"。

3. 单击数据透视表字段列表设置按钮，可设置各字段标签项的布局，选中"字段节和区域节并排"项。

4. 在数据透视表字段列表设置栏中，单击"行标签"项内的"在岗情况"字段。

5. 在打开的下拉列表中，选中"移动到列标签"项。

6. 在数据透视表字段列表设置栏中，单击"行标签"项内的"性别"字段。

7. 在打开的下拉列表中，选中"上移"项。

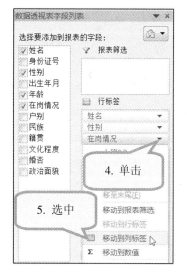
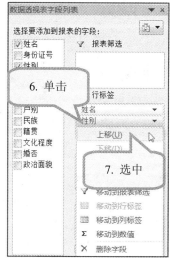

实例 16 社区常住人口情况分析

☞ 选择汇总方式

汇总方式包括求和、计数、平均值、方差等，在数值栏添加字段时，会自动生成求和项。此时，可根据数值的特征或数据分析需求，再次修改。

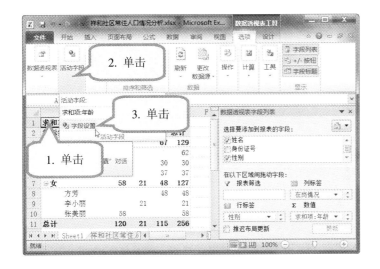

1. 单击"求和项：年龄"所在单元格，如 A1。

2. 单击"数据透视表工具"功能区→"选项"选项卡→"活动字段"组下方的箭头。

3. 单击"字段设置"按钮，打开"值字段设置"对话框。

4. 在"值汇总方式"选项卡中，选中"计数"项。

5. 单击"确定"按钮返回并生成新的报表内容。

»☞ 设置显示方式

Excel 2010 中提供的数据透视表样式与老版本的有所区别，如果需要，可通过数据透视表选项进行设置。

1. 选中透视表，单击"数据透视表工具"功能区→"选项"选项卡→"数据透视表"组→"选项"按钮。

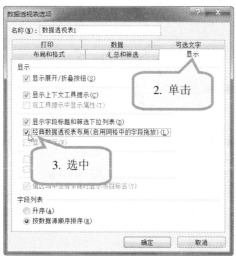

2. 在打开的"数据透视表选项"对话框中，单击"显示"选项卡。

3. 选中"经典数据透视表布局"项。

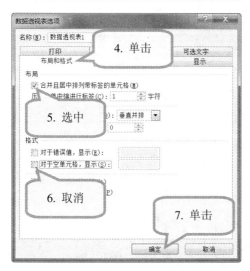

4. 单击"布局和格式"选项卡。

5. 选中"合并且居中排列带标签的单元格"项。

6. 取消"对于空单元格，显示"项的勾选状态。

7. 单击"确定"按钮完成设置。

☞ 刷新数据透视表

当源数据的值发生变化时，可使用刷新功能更新数据透视表。

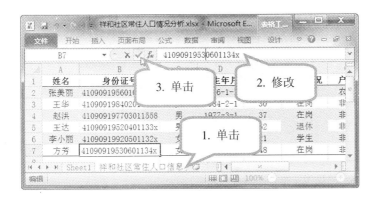

1. 单击"祥和社区常住人口信息"工作表。

2. 单击 B7 单元格，将其身份证号数据由"41090919650601134x"修改为"41090919530601134x"。

3. 单击"输入"按钮 ✓ 完成修改。因为身份证号中的出生年份发生了变化，则此人的年龄和在岗情况也发生了变化。

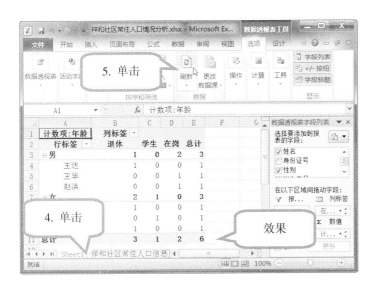

4. 单击"Sheet1"工作表。

5. 单击"数据透视表工具"功能区→"选项"选项卡→"数据"组→"刷新"按钮，更新报表数据。

设置报表布局和样式

添加字段、设置显示方式,以及在数据透视表中按所需方式对数据进行汇总后,往往还需要设置报表的布局和样式,从而提高报表的可读性。

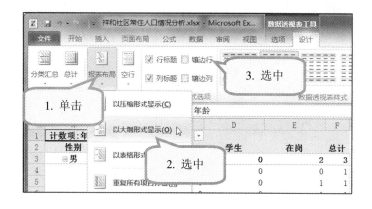

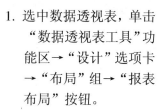

1. 选中数据透视表,单击"数据透视表工具"功能区→"设计"选项卡→"布局"组→"报表布局"按钮。

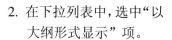

2. 在下拉列表中,选中"以大纲形式显示"项。

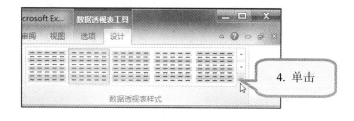

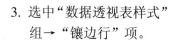

3. 选中"数据透视表样式"组→"镶边行"项。

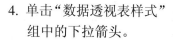

4. 单击"数据透视表样式"组中的下拉箭头。

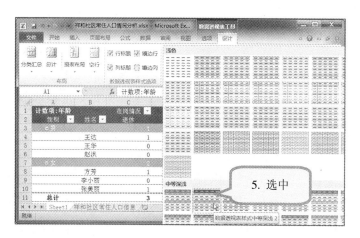

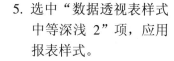

5. 选中"数据透视表样式中等深浅 2"项,应用报表样式。

»☞使用切片器查看数据

切片器工具是 Excel 2010 的新增功能,它不仅能轻松地对数据透视表进行筛选操作,还可以非常直观地查看筛选信息。

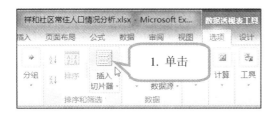

1. 单击"数据透视表工具"功能区→"选项"选项卡→"排序和筛选"组→"插入切片器"按钮。

2. 在打开的"插入切片器"对话框中,选中"年龄"项。

3. 单击"确定"按钮完成插入。

4. 单击切片器的项,可查看每一项的报表数据。

🔊 根据数据的筛选需要可建立多个切片器,在切片器中可选择一个字段进行筛选,也可选择多个字段组合筛选。

设置切片器

切片器的字体格式、字体颜色、填充样式等不能通过"开始"选项卡中的命令来进行设置，而需在选中切片器激活"切片器工具"后的"切片器样式"组中设置。

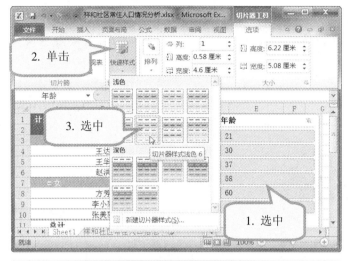

1. 选中需要设置样式的切片器。

2. 单击"切片器工具"功能区→"选项"选项卡→"切片器样式"组→"快速样式"按钮。

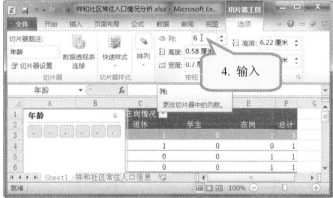

3. 在下拉列表中，选中"切片器样式浅色6"项。

4. 在"按钮"组中，输入"列"的值为"6"。

5. 在"大小"组中，输入"高度"值为"3厘米"，"宽度"值为"13.55厘米"。

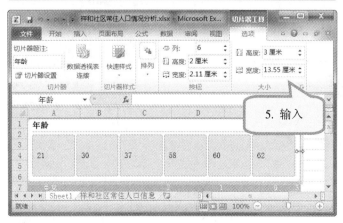

切片器大小的值可结合报表的宽度进行设置。

»☞移动切片器的位置

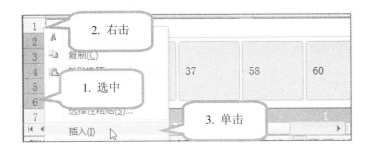

1. 选中 1~6 行。

2. 在选中行的行号处，右键单击，打开快捷菜单。

3. 单击"插入"项，一次性插入 6 行。

4. 将鼠标置于切片器的任意位置，当鼠标呈"✥"形状时，拖动切片器至 A1:F6 单元格区域。

🔊 根据报表的布局和大小设置切片器，有助于提高数据查看的效率，减少切片器与报表之间切换的频率。

5. 单击切片器右上角的"清除筛选器"按钮或者组合键"Alt+C"，可取消筛选。

创建数据透视图

使用数据透视图能够将数据透视表中的报表数据图形化,使数据以更明了的方式体现。创建数据透视图的方式与创建图表的方式相似。

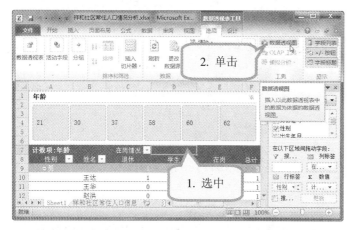

1. 选中数据透视表。

2. 单击"数据透视表工具"功能区→"选项"选项卡→"工具"组→"数据透视图"按钮。

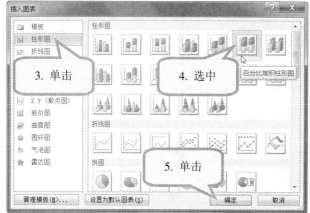

3. 在打开的"插入图表"对话框中,单击"柱形图"项。

4. 在图表预览区域,选中"百分比堆积柱形图"。

5. 单击"确定"按钮完成创建。

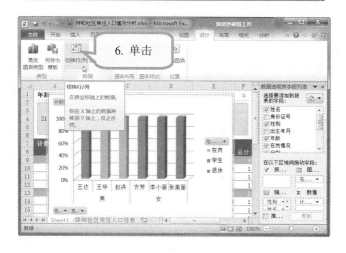

6. 选中数据透视图,单击"数据透视图工具"功能区→"设计"选项卡→"数据"组→"切换行/列"按钮。

»☞选择存放位置

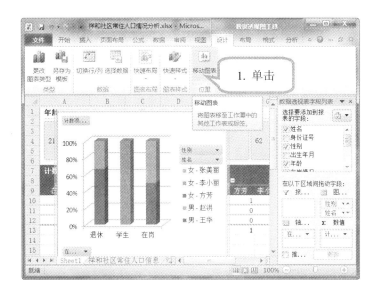

1. 选中数据透视图，单击"数据透视图工具"功能区→"设计"选项卡→"位置"组→"移动图表"按钮。

2. 在打开的"移动图表"对话框中，选中"新工作表"项，使用默认图表名称"Chart1"。

3. 单击"确定"按钮完成图表的移动。

🔔 重命名图表名称

当在 Excel 工作表中插入图表时，Excel 会给每个图表赋予一个默认的名称，如"图表1"、"Chart1"等。若希望给图表指定一个友好的名字，方便识别，需进行以下设置。

1. 单击"数据透视图工具"功能区→"布局"选项卡→"属性"组→"图表名称"项。

2. 输入新图表名称，按"Enter"键完成重命名。

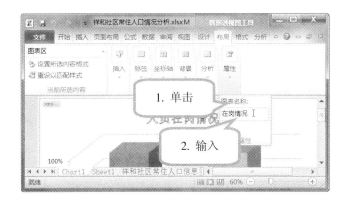

» ☞ 修改坐标轴刻度单位

默认情况下，创建图表时，Excel 会确定图表中垂直（值）坐标轴的最小和最大刻度值，以及主要和次要刻度单位。但是，也可以自定义刻度以满足不同的应用环境。

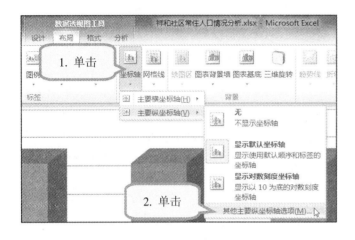

1. 单击"数据透视图工具"功能区→"布局"选项卡→"坐标轴"组。

2. 在下拉列表中，单击"主要纵坐标轴"→"其他主要纵坐标轴选项"项。

3. 在打开的"设置坐标轴格式"对话框中，单击"坐标轴选项"栏。

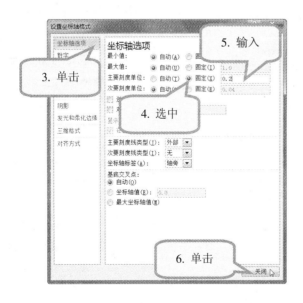

4. 改变"主要刻度单位"的设置方式，选中"固定"项。

5. 在右侧的编辑栏中，输入"0.2"。

6. 单击"确定"按钮完成设置。

»☞设置透视图文字样式

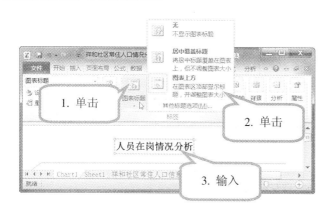

1. 单击"数据透视图工具"功能区→"布局"选项卡→"标签"组→"图表标题"按钮。

2. 在下拉列表中,单击"图表上方"项,插入图表标题。

3. 在图表标题中,输入"人员在岗情况分析"。

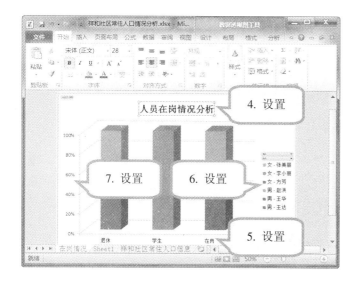

4. 选中图表标题,设置字号为"28"号。

5. 选中水平(类别)轴,设置字号为"16"号。

6. 选中图例,设置字号为"16"号。

7. 选中垂直(值)轴,设置字号为"16"号。

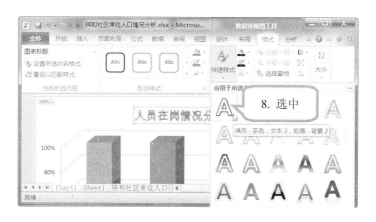

8. 选中图表标题,并选中"数据透视图工具"功能区→"格式"选项卡→"艺术字样式"组→"快速样式"按钮→"填充-茶色,文本2,轮廓-背景2"项。

»☞筛选透视图数据

数据透视图与一般的图表的区别在于：是否具有分析和统计的功能。在数据透视图中，包含报表筛选、图例字段、轴字段和数值项，分别与数据透视表中的报表筛选、列标签、行标签和数值项相对应。因此，使用字段按钮，可在数据透视图实现数据的排序和筛选。

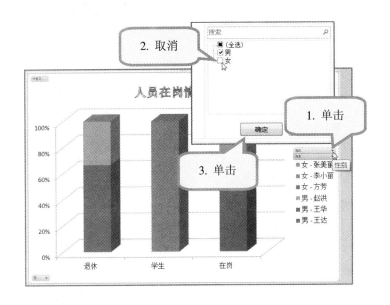

1. 单击"性别"字段按钮，打开"排序与筛选"快捷菜单。

2. 取消性别为"女"项的勾选状态。

3. 单击"确定"按钮返回透视图，此时透视图中仅显示性别为男的数据。

4. 当需要清除筛选时，可再次单击"性别"字段按钮。

5. 在快捷菜单中，单击"从'性别'中清除筛选"项，取消筛选。

6. 单击"确定"按钮完成设置。

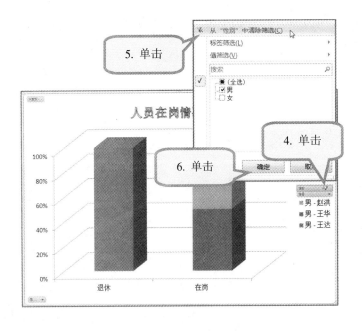

📢 数据透视图中的字段按钮可根据需要显示或隐藏。方法为：单击"数据透视图工具"功能区→"分析"选项卡→"显示/隐藏"组→"字段"按钮，在下拉列表中，单击"全部隐藏"项将隐藏字段按钮，再次单击该项将显示字段按钮。

实例17 个人血压跟踪报告

☞ 学习情境

李阿姨的老伴血压经常不稳定，每天到医院量血压比较麻烦，所以就自己买了一个血压表进行测量。随着时间的推移，在对比之前的测量值时，会将自己刚测量的值跟上次的混淆。李阿姨希望制作一个个人血压跟踪报告，记录并分析家人的血压情况，从而预防病情恶化并及时就医。

☞ 编排效果

☞ 掌握技能

通过本实例，将学会以下技能：
- 使用模板建立图表。
- 删除重复项。
- 使用条件格式规则管理器。
- 创建和设置迷你图。

»☞ 使用模板新建图表

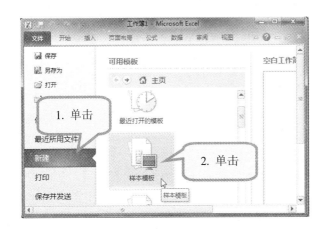

1. 启动 Excel 2010，单击"文件"选项卡→"新建"命令。

2. 在"可用模板"列表中，单击"样本模板"项，进入"样本模板"列表。

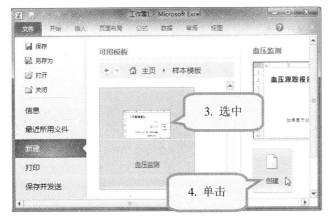

3. 在"样本模板"列表中，单击"血压监测"项。

4. 在右侧的预览区中，单击"创建"按钮完成模板创建。

🔊 此时，Excel 自动生成名为"血压监测1"的工作簿，包含"血压数据"工作表和"血压图表"工作表。

»☞ 美化图表

Excel 图表包含绘图区、图表区、垂直（值）轴、水平（类别）轴、垂直（值）轴主要网格线、图例等元素。根据模板生成的图表，往往不能满足设计需求，可选中任意元素进行格式设置。

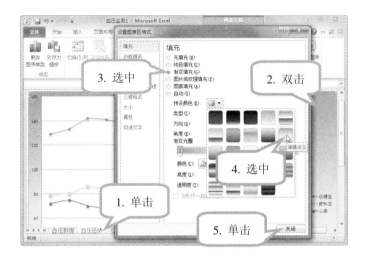

1. 单击"血压图表"工作表。
2. 将鼠标置于图表边缘的空白区域，当鼠标呈"❀"形状时，双击图表区，打开"设置图表区格式"对话框。
3. 在"填充"栏中，选中"渐变填充"项。
4. 单击"预设颜色"按钮，在下拉列表中，选中"薄雾浓云"图表区样式。
5. 单击"关闭"按钮完成设置。

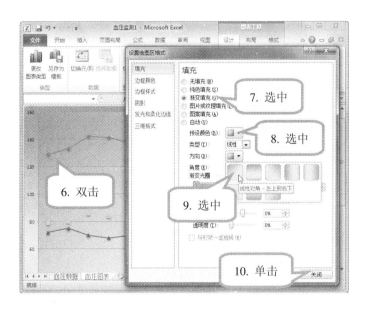

6. 双击绘图区，打开"设置绘图区格式"对话框。
7. 在"填充"栏中，选中"渐变填充"项。
8. 单击"预设颜色"按钮，在下拉列表中，选中"薄雾浓云"绘图区样式。
9. 单击"方向"按钮，在下拉列表中，选中"线性对角-左上到右下"项，设置渐变方向。
10. 单击"关闭"按钮完成设置。

»☞添加图表标题

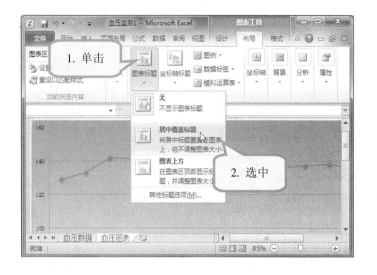

1. 单击"图表工具"功能区→"布局"选项卡→"便签"组→"图表标题"按钮。

2. 在下拉列表中,选中"居中覆盖标题"项。

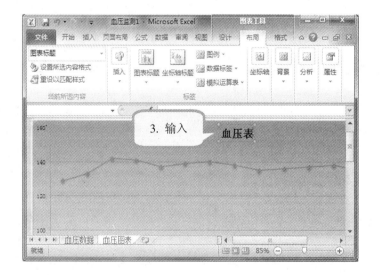

3. 在图表标题文本框内,输入"血压表"。

»☞减小坐标轴单位刻度

坐标轴单位刻度越小，折线图的波动频率越明显。为了能够更清晰、直观地观察图表，可以通过调整垂直（值）轴的单位刻度来实现。

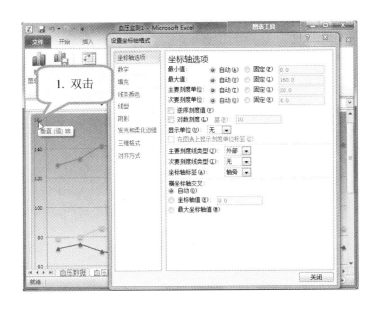

1. 双击"垂直(值)轴"，打开"设置坐标轴格式"对话框。

2. 单击"坐标轴选项"栏，选中"主要刻度单位"右侧的"固定"复选框。

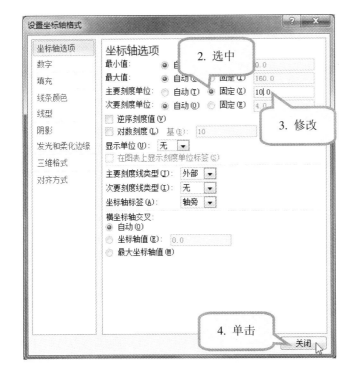

3. 将"固定值"由原来的"20.0"修改为"10.0"。

4. 单击"关闭"按钮完成设置。

☞ 添加模拟运算表

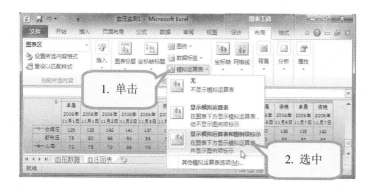

1. 单击"图表工具"功能区→"布局"选项卡→"标签"组→"模拟运算表"按钮。
2. 在下拉列表中,选中"显示模拟运算表和图例项标示"项,即可添加模拟运算表至图表下方。

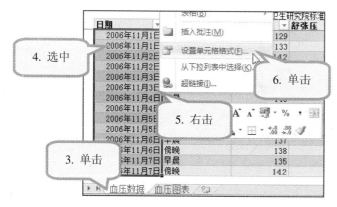

🔊 自动生成的模板中,带有部分数据,包括日期、时间、收缩压、舒张压和心率,用户可根据实际情况进行修改或设置格式。

3. 单击"血压数据"工作表。
4. 选中 B15:B28 单元格。
5. 右键单击选中区域。
6. 在快捷菜单中,单击"设置单元格格式"命令,打开"设置单元格格式"对话框。

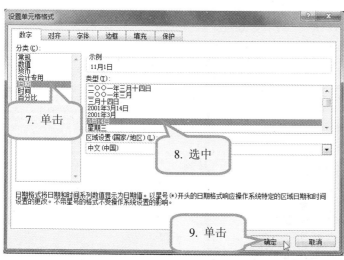

7. 单击"数字"选项卡→"日期"项。
8. 选中"3月14日"日期类型。
9. 单击"确定"按钮完成设置。

实例 17　个人血压跟踪报告

☞ 删除重复项

在使用 Excel 数据进行分析或统计时，对于相同的数据，往往失去了分析的意义，因此可以选中一列或多列字段，删除具有相同数据的值。

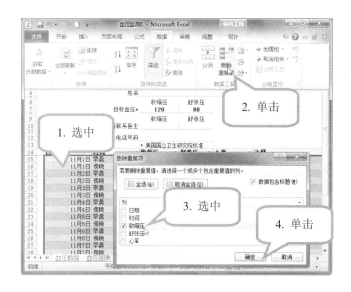

1. 单击"血压数据"工作表，选中 B15:G28 单元格。

2. 单击"数据"选项卡→"数据工具"组→"删除重复项"按钮。

3. 在打开的"删除重复项"对话框中，单击"取消全选"按钮，选中"收缩压"列。

4. 单击"确定"按钮弹出提示框，显示删除结果"发现了 4 个重复值，已将其删除；保留了 10 个唯一值。"。

5. 单击"确定"按钮返回工作表。

»☞ 修改条件格式

使用条件格式规则管理器,可以创建、编辑、删除和查看工作簿中的所有条件格式规则,从而对符合规则的单元格进行格式设置。管理规则包含新建规则、修改规则、删除规则三大类。

下面将原来大于 140 的条件格式修改为将大于或等于 140 的值突出显示。

1. 单击"开始"选项卡→"样式"组→"条件格式"按钮→"管理规则"项。

2. 在打开的"条件格式规则管理器"对话框中,选中第一项规则。

3. 单击"编辑规则"按钮,打开"编辑格式规则"对话框。

4. 单击"单元格值"右侧的列表框箭头。

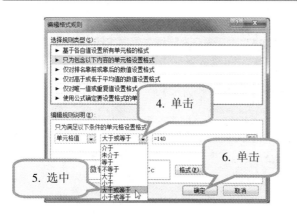

5. 在下拉列表中,选中"大于或等于"项。

6. 单击"确定"按钮完成规则修改,并返回"条件格式规则管理器"对话框,单击"确定"按钮返回工作表。

»☞新建规则

当模板提供的规则无法满足需求时，可通过新建规则功能，为工作表添加条件格式。

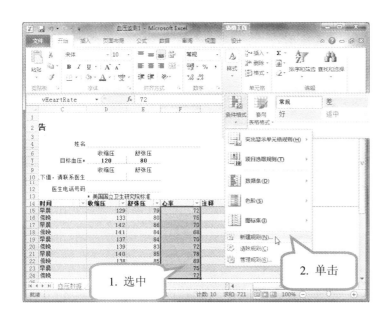

1. 选中需要添加条件格式的单元格，如 F15:F24 区域。

2. 单击"开始"选项卡→"样式"组→"条件格式"按钮→"新建规则"项，打开"新建格式规则"对话框。

3. 选中"只为包含以下内容的单元格设置格式"项。

4. 单击"单元格值"右侧的列表框箭头，在下拉列表中选中"大于或等于"项。

5. 输入"值"，例如"70"。

6. 单击"格式"按钮，打开"设置单元格格式"对话框。

»☞设置规则格式

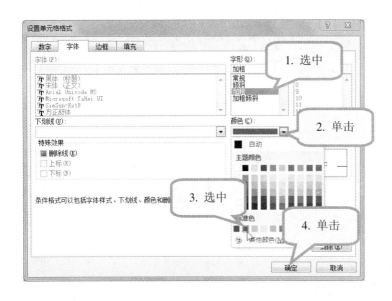

1. 在打开的"设置单元格格式"对话框中,设置条件格式规则中需要的样式。单击"字体"选项卡,选中"加粗"字形。

2. 单击"颜色"下方的列表框箭头。

3. 在下拉列表中,选中"红色"。

4. 单击"确定"按钮返回"新建格式规则"对话框。

5. 在"预览"区域可查看条件格式的应用效果,单击"确定"按钮应用条件格式。

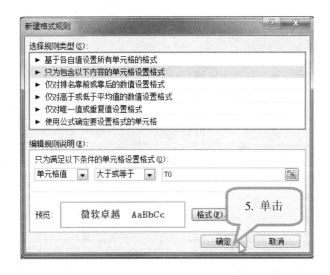

🔊 在"设置单元格格式"对话框中,也可通过选择"数字"、"边框"或"填充"选项卡进行数字格式、边框格式以及单元格的填充等设置。

☞插入函数

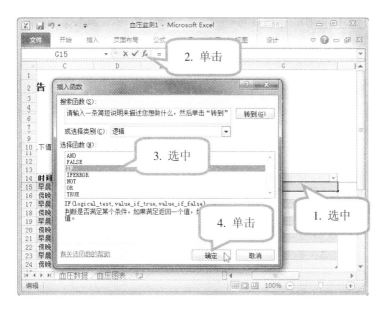

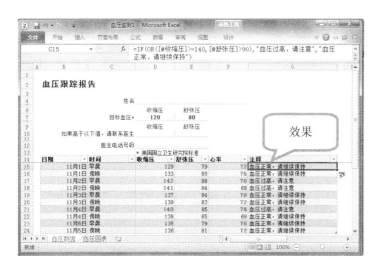

1. 选中需要插入公式的单元格，如 G15。

2. 单击编辑栏右侧的"插入函数"按钮 ⨍ₓ。

3. 在"插入函数"对话框的"逻辑"类别中，选中"IF"函数。

4. 单击"确定"按钮，打开"函数参数"对话框。

5. 在"Logical_test"参数中输入"OR([@收缩压]>=140,[@舒张压]>90"；在"Value_if_true"参数中输入"血压过高，请注意"；在"Value_if_false"参数中输入"血压正常，请继续保持"。

6. 单击"确定"按钮完成计算，同时公式自动被填充至 G16:G24 单元格。

🏃 创建计算列

表格套用格式后，将自动创建计算列，对输入的公式无需复制或填充，公式输入完毕后将自动填充至表格中已套用格式的区域。

»☞ 插入迷你图

迷你图是 Excel 2010 图表工具的一种，它具有折线图、柱形图、盈亏图等类型。其特点是在单元格中生成简明图表，让数据变得更加直观。

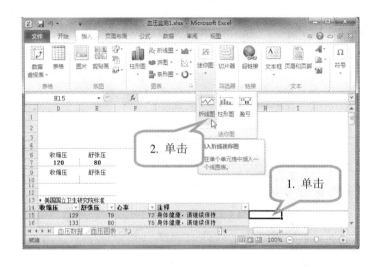

1. 单击 H15 单元格。

2. 单击"插入"选项卡→"迷你图"组→"折线图"按钮，打开"创建迷你图"对话框。

3. 选中 D15:D24 单元格为创建迷你图所需的数据范围。

4. 单击"确定"按钮完成创建。

重命名区域

当某个单元格区域具有相同功能时，可对该区域重命名，作为数据分析时的标志。重命名单元格区域的快捷方法为：

1. 选中需重命名的表格区域。

2. 单击单元格名称框，输入名称后，按"Enter"键即可。

也可以单击"公式"选项卡→"定义的名称"组→"名称管理器"按钮进行设置。

设置迷你图格式

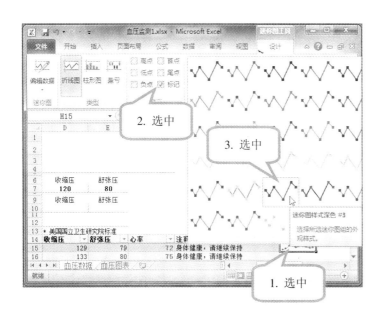

1. 选中 H15 单元格。

2. 单击"迷你图工具"功能区→"设计"选项卡→"显示"组，选中"标记"项，为迷你图添加标记点。

3. 选中"样式"组→"迷你图样式深色 #3"项，设置迷你图样式。

4. 在 H14 单元格中输入"收缩压变化"。

5. 选中 H15:H24 单元格。

6. 单击"开始"选项卡→"对齐方式"组→"合并后居中"按钮，合并选中区域。

7. 选中 H14:H24 单元格，单击"开始"选项卡→"字体"组→"填充颜色"按钮右侧的箭头，在下拉列表中选中"金色，强调文字颜色2，淡色 80%"项。

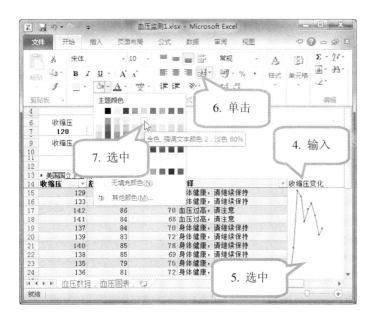

»☞删除迷你图

当复制某个迷你图至相邻区域后，Excel 将自动生成迷你图组，以方便管理。当需要删除迷你图时，需使用迷你图的清除功能，删除迷你图组或组中已选中迷你图。

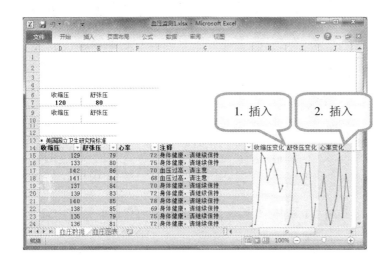

1. 按照以上步骤，在单元格 I15 中插入迷你图，数据范围为 E15:E24 单元格。

2. 在单元格 J15 中插入迷你图，数据范围为 F15:F24 单元格，并设置迷你图的格式。

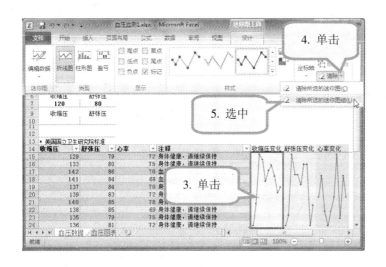

3. 单击需要删除的迷你图。

4. 在"迷你图工具"功能区→"设计"选项卡→"分组"组中，单击"清除"下拉箭头。

5. 选中"清除所选的迷你图组"项。